国家自然科学基金项目

矿山建筑学研究丛书

丛书主编　李晓丹

“城市双修”视角下矿业废弃地再生利用规划

杨灏　李晓丹　著

华中科技大学出版社
http://press.hust.edu.cn
中国·武汉

内 容 提 要

矿业工程是人类最伟大的工程活动之一，也是对生态环境扰动最为强烈的活动之一。矿业开采会产生大量的矿业废物，引发地质灾害和环境破坏，形成大面积挖损、塌陷、被污染的、需要经过修复治理才能使用的废弃地。一方面，矿业废弃地闲置于城市之中，不仅浪费城市土地资源，制约城市经济发展，还带来一系列社会和环境问题；另一方面，矿业废弃地具有鲜明的景观空间特征，矿业废弃地再生不仅可以修复受损的生态环境，也有利于提高城镇土地利用效率，为城市释放新的发展空间，成为城市转型升级的发展契机。

由于矿业废弃地再生规划涉及多学科领域，因此，需要以全面、综合的视角开展跨学科融合的再生规划研究。本书引入“城市双修”规划理念，深化和扩展其内涵和外延，运用建筑学、城乡规划学、景观生态学等多学科理论成果和技术手段，初步搭建了矿业废弃地再生规划理论研究体系，分析矿业废弃地再生内涵，通过定性和定量的研究方法，探索矿业废弃地再生规划的设计策略。

图书在版编目（CIP）数据

“城市双修”视角下矿业废弃地再生利用规划 / 杨灏，李晓丹著. — 武汉：华中科技大学出版社，2024.5

（矿山建筑学研究丛书）

ISBN 978-7-5772-0909-8

Ⅰ. ①城…　Ⅱ. ①杨…　②李…　Ⅲ. ①矿业 - 土地利用 - 城市规划 - 研究　Ⅳ. ①TU984

中国国家版本馆CIP数据核字(2024)第096893号

“城市双修”视角下矿业废弃地再生利用规划　　杨灏　李晓丹　著

“Chengshi Shuangxiu” Shijiao xia Kuangye Feiqidi Zaisheng Liyong Guihua

出版发行：华中科技大学出版社（中国 · 武汉）　　电话：（027）81321913

地　　址：武汉市东湖新技术开发区华工科技园　　邮编：430223

策划编辑：金　紫

责任编辑：段亚萍　　封面设计：清格印象

责任校对：程　慧　　责任监印：朱　玢

录　　排：华中科技大学惠友文印中心

印　　刷：湖北新华印务有限公司

开　　本：787 mm×1092 mm　1/16

印　　张：10.75

字　　数：152千字

版　　次：2024年5月第1版第1次印刷

定　　价：88.00元

华中出版

投稿邮箱：283018479@qq.com

本书若有印装质量问题，请向出版社营销中心调换

全国免费服务热线：400-6679-118　竭诚为您服务

前言

矿业工程是人类最伟大的工程活动之一，也是对生态环境扰动最为强烈的活动之一。矿业开采会产生大量的矿业废物，引发地质灾害和环境破坏，形成大面积挖损、塌陷、被污染的、需要经过修复治理才能使用的废弃地。一方面，矿业废弃地闲置于城市之中，不仅浪费城市土地资源，制约城市经济发展，还带来一系列社会和环境问题；另一方面，矿业废弃地具有鲜明的景观空间特征，矿业废弃地再生不仅可以修复受损的生态环境，也有利于提高城镇土地利用效率，为城市释放新的发展空间，成为城市转型升级的发展契机。

由于矿业废弃地再生规划涉及多学科领域，因此，需要以全面、综合的视角开展跨学科融合的再生规划研究。本书引入“城市双修”规划理念，深化和扩展其内涵和外延，运用建筑学、城乡规划学、景观生态学等多学科理论成果和技术手段，初步搭建了矿业废弃地再生规划理论研究体系。全书包括以下几部分内容。

（1） 探究矿业废弃地对特大型综合性城市转型更新的影响，提出矿业废弃地再生概念以及应对策略。首先，指出开展特大型综合性城市矿业废弃地再生研究对促进城市发展具有重要意义；其次，从驱动机制、影响因素和基本模式三个方面剖析矿业废弃地再生的内涵；最后，提出矿业废弃地再生的应对策略以及制定再生规划的必要性。

（2）探究“城市双修”理念的基本内涵和核心内容，初步搭建跨学科融合的矿业废弃地再生规划理论研究体系。深化和拓展“城市双修”理念的内涵和外延，研究生态修复和城市修补的具体实施途径，搭建多学科融合的矿业废弃地再生规划理论体系框架。

（3）探讨和优化矿业废弃地再生利用时序综合评价体系。采用驱动力 - 状态 - 响应（DSR）模型，建立矿业废弃地再生利用时序定量评价体系，对评价结果进行耦合处理，按照近期、中期和远期三个时段确定矿业废弃地再生利用时序。

（4）探讨和优化矿业废弃地功能置换决策综合评价体系。从驱动力和状态两方面综合考虑土地功能置换影响因素，构建功能置换评价体系。采用可拓法建立矿业废弃地土地功能置换的决策模型，对功能置换方案进行全面决策分析。

最后，以北京京西矿区矿业废弃地再生规划为例，进行实证研究和规划设计。

“城市双修”理念下矿业废弃地再生规划研究将矿业废弃地再生利用与城市生态修复、空间修补、功能完善和文化传承相结合，使之与城市人居系统达到相对健康、稳定的状态，解决城市生态安全问题，促进城市区域经济发展。本书为新时期矿业废弃地及其所在城市转型更新提供新的理论支撑，为矿业废弃地再生利用提供科学指导。

目录

1　缘起

- 矿业废弃地广泛分布于特大型综合性城市
- 矿业废弃地是城市“存量挖掘”的重要载体
- 矿业废弃地再生是城市更新的重要组成部分

1

“中国式现代化是人与自然和谐共生的现代化。人与自然是生命共同体，无止境地向自然索取甚至破坏自然必然会遭到大自然的报复。我们坚持可持续发展，坚持节约优先、保护优先、自然恢复为主的方针，像保护眼睛一样保护自然和生态环境，坚定不移走生产发展、生活富裕、生态良好的文明发展道路，实现中华民族永续发展。”

——二十大报告

中国开发利用矿产资源历史悠久，早在春秋时期便有关于煤矿的记载。《山海经》中写道：“北次三山之首，曰太行之山……又东三百五十里，曰贲闻之山，其上多苍玉，其下多黄垩，多涅石[1]”。矿产资源作为工业的“粮食”和“血液”，为建立我国独立完整的工业体系、增强国家经济实力做出了历史性的贡献。

矿业工程是人类伟大的工程活动之一，也是对生态环境扰动最为强烈的活动之一。矿业开采会产生大量废物，引发大气污染、土壤破坏、水体污染等系列生态环境问题，也会破坏地表和地下空间，引发地质灾害和环境破坏，形成大面积挖损、塌陷、污染的需要经过修复治理才能使用的废弃地。据统计，截至2018年底，全国矿山开采占用损毁土地约5 400万亩。其中，正在开采的矿山占用损毁土地约2 000万亩，历史遗留矿山占用损毁约3 400万亩。近年来的供给侧结构性改革和矿业去产能政策也大大增加了矿业废弃地数量，大量产能过剩、劣质产能的矿山面临关闭问题。2015年至2017年间，中国关闭煤矿数量累计超过5 000座[2]，预计到2030年，中国新增关闭矿山数量将超过15 000个[3]。矿业废弃地闲置于城市之中，不仅浪费城市土地资源，制约城市经济发展，还带来一系列社会

1　春秋战国时期，称煤炭为“石涅”或“涅石”。

2　2017年1 000家将关闭煤矿名单 http://news.bjx.com.cn/html/20170420/821208.shtml。

3　引自2015中国工程院重点咨询研究项目——我国煤炭资源高效回收及节能战略研究成果。

和环境问题。

矿业废弃地具有鲜明的景观空间特征，是矿业社会、经济、文化的重要载体。矿业废弃地再生利用不仅可以修复受损的生态环境，也有利于提高城镇土地利用效率，符合“坚持最严格的节约用地制度”的发展要求。通过合理的治理修复，辅以有效的规划配置，矿业废弃地可以重新达到可供利用的状态，为城市释放新的发展空间，成为城市转型升级的发展契机。随着中国城镇化进程中城市环境急剧恶化和土地资源严重紧缺问题的日益凸显，矿业废弃地再生利用不仅成为中国绿色矿山建设和可持续发展战略的重要组成部分，也成为新时期中国土地利用方式转变和城镇发展转型升级的重要途径，更是新常态下中国生态文明建设和国民经济健康发展的重要支撑。在此背景下，中国的矿业废弃地再生利用刻不容缓。

矿业废弃地再生利用是一项十分复杂的综合性工作，涉及地理学、生态学、土地管理学、采矿学、经济学、风景园林学、城乡规划学等多个学科领域。笔者走访考察了中国若干个市、县的矿业废弃地，发现中国的矿业废弃地再生利用大多从单个地块的生态修复着手，实践重点主要集中在土地复垦和生态恢复领域，针对生态恢复后矿业废弃地功能再开发的研究和实践并不多见。矿业废弃地再生利用发展至今，不应再仅仅关注个体案例，而应扩大至与城市社会、经济、生态发展相关的综合层面。只有将矿业废弃地再生利用放在城市整体发展的视角下，对矿业废弃地进行空间整合规划，才能有效解决矿业废弃地再生利用与城市生态文明建设问题。那么，如何在城市整体的层面考虑矿业废弃地再生规划问题？如何将矿业废弃地再生利用纳入城市可持续发展的多元目标中？城市视角下的矿业废弃地再生利用是否有共通性的原则机理可以遵循？

2017年，住房和城乡建设部印发《关于加强生态修复城市修补工作的指导意见》（建规〔2017〕59号），要求各城市地区编制“城市双修”（生态修复、城市修补）专项规划，解决城市生态环境恶化、功能结构缺失的问题。“城市双修”倡导修复城市建设中破坏的山体、绿地、水体和遗留的各类废弃地，完善城市空间功能、基础设施条件和提高公共服务水平，塑造宜居的当代城市风貌，为联系矿业废弃地和城市可持续发展提供了整体研究视角。基于“城市双修”规划理念，探讨矿业废弃地再生整合机制对中国矿业废弃地再生利用具有创新意义。

1.1 矿业废弃地广泛分布于特大型综合性城市

中国是矿业大国，矿业废弃地广泛分布于矿业城市中。事实上，除矿业城市之外，矿业废弃地也广泛地分布于其他职能类型城市之中。在许多经济发达的特大型综合性[1]城市，也分布着大量的矿业废弃地（表 1.1）。中国的 23 个省会城市和 4 个直辖市中，约 4/5 的城市拥有丰富的矿产资源，且这些城市内部存在着不同程度的矿业废弃地。随着经济的快速发展和城市的不断扩张，位于城市内部的矿山由于地处核心区域，或毗邻铁路、自然保护区、重点保护文物和军事禁区等处，成为城市规划规定的禁止开采区域。同时，随着资源的逐渐枯竭，矿业废弃地闲置、废弃于城市内部，影响城市生态环境系统的稳定和城市的可持续发展。

表 1.1 部分特大型综合性城市的矿业废弃地分布情况

Tab. 1.1 Distribution of AML in regional comprehensive cities in China

城市	矿产资源类型	矿业废弃地主要分布行政区县
北京	煤炭、铁、灰岩、白云岩等	门头沟区、房山区、怀柔区
天津	地热、砖瓦用黏土、灰岩、白云岩等	蓟州区、宁河区、静海区
上海	地热、砖瓦用黏土、石材、铜等	松江区
重庆	天然气、锶、汞、灰岩、煤炭等	合川区、大足区、铜梁区
石家庄	金、铁、灰岩、云母等	井陉县、平山县、灵寿县、行唐县

1 参考许锋等对中国城市职能类型的划分，我国城市划分为特大型综合性为主的城市、中小规模为主专业化城市、小型高度专业化为主城市。

续表

城市	矿产资源类型	矿业废弃地主要分布行政区县
武汉	砂岩、灰岩、白云岩、石膏等	江夏区、蔡甸区、黄陂区、新洲区
南京	铁、铅锌、锶、灰岩、水泥、石膏等	江宁区、六合区、浦口区、雨花台区
沈阳	煤炭、硅灰石、珍珠岩、沸石等	苏家屯区、沈北新区、浑南区
长春	煤炭、陶粒页岩、灰岩、沸石等	双阳区
哈尔滨	石油、煤炭、天然气、大理岩等	双城区、宾县、通河县

1.2 矿业废弃地是城市“存量挖掘”的重要载体

香港大学建筑学院院长 Chris Webster 指出，中国的主要城市由于土地耗尽，下一个 30 年驱动城市发展的主要动力，将会来自“旧城更新（urban regeneration）—再开发（renewal）—再利用（reuse）—棕地再开发（brownfield redevelopment）”[1]。随着中国城镇化进程中城市环境急剧恶化和土地资源严重紧缺问题的日益凸显，矿业废弃地再生利用成为新时期中国土地利用方式转变和城镇发展转型升级的重要途径，也是新常态下中国生态文明建设和国民经济健康发展的重要支撑。我国发布的“十四五”规划总体框架，明确指出应合理控制煤炭开发强度，推进能源资源一体化开发利用，加强矿山生态修复，矿业废弃地再生利用已然成为国家重点发展方向之一。

矿业废弃地是城市“内生依托”的重要载体。矿业去产能、供给侧结构性改革等政策的实施，使得大量原本位于内城交通便利位置的工矿企业陆续关闭，在城区内形成大量闲置废弃的区域。这些废弃地交通位置优越、土地成本相对低廉，与城市发展关系密切，成为城市旧城更新和内生依托的重要载体。矿业废弃地可以为城

1　引自克里斯·韦伯斯特 2013 年香港大学演讲稿英译本。

市提供特色景观资源和稀缺的土地资源，再生利用不仅可以修复受损的生态环境，也有利于提高城市土地利用效率，符合中国“坚持最严格的节约用地制度”的要求。

矿业废弃地也是城市用地“增减挂钩”的一步“活棋”。我国人均土地占有面积仅为世界平均水平的 29%，地少人多是我国的基本国情。城镇化的快速发展使得城市建设和耕地保护矛盾日益凸显，“增减挂钩”在此背景下应运而生。“增减挂钩”最早出现于2004年国务院发布的文件，是指将城镇建设用地整理为农田耕地，并将相同面积农田耕地转为建设用地的土地规划理念。“增减挂钩”的最终目标是在耕地面积和质量同时增加的基础上，提高土地集约利用效率。按照我国《土地利用现状分类》规定，矿业用地属于建设用地范畴，是建设用地的重要组成部分。在一些矿业城市，矿业用地占建设用地比例甚至达到 30%。2015 年颁布的《历史遗留工矿废弃地复垦利用试点管理办法》中指出，矿业废弃地再生利用应该和新增建设用地挂钩，确保建设用地总量不增加。

1.3 矿业废弃地再生是城市更新的重要组成部分

城市更新通过对旧工矿区、旧商业区、旧住宅区等土地资源进行综合整治、功能重置或拆除重建，释放并挖掘存量空间潜力，倒逼城市转型升级，实现城市功能提升与经济可持续发展。中国的矿业废弃地数量庞大、分布广泛，是城市更新的重要土地后备资源。作为城市更新的重要潜力地区，有序推进矿业废弃地再生利用，积极开展矿业废弃地的改造开发和功能置换，将低效土地转换成高附加值的土地资产，是实现城市产业结构升级、土地结构优化、功能布局完善和人居环境提升的重要途径。在政府、市场和社会的多重作用下，通过对矿业废弃地存量空间的盘活、优化、挖潜和提升，可以有效完善城市功能、提升城市环境和解决城市历史遗留问题。同时，矿业废弃地也是矿业文化和灵魂的载体，是矿业文化特色的具体表现。

因此，矿业废弃地再生是城市更新的重要组成部分。

综上，我国城镇土地资源紧缺，新增建设用地来源收紧，城市建设和耕地保护的矛盾日益凸显。在此背景下，盘活城镇闲置的存量土地、提高土地利用效率、优化土地利用格局刻不容缓。矿业废弃地可以为城市提供稀缺的土地资源，矿业废弃地再生利用是城市“存量挖掘”、增减挂钩和绿色发展的重要载体，也是绿色矿山建设、城市更新实践的重要内容。因此，本书从城市存量更新的角度出发，从城市规划层面挖潜并调整矿业废弃地再生利用规模、方案和策略，以期为破解矿业废弃地再生与城市更新问题提供新的思路。

2 矿业废弃地再生规划

- 矿业废弃地
- 矿业废弃地再生
- 再生应对策略和规划必要性

2

2.1 矿业废弃地

矿业废弃地，又称工矿废弃地，矿业开采过程中形成的挖损区、塌陷区、压占区和加工作业区，以及受开采废弃物污染而需要修复治理的场地，都属于矿业废弃地的范畴。美国矿务局（United States Bureau of Mines, USBM）对矿业废弃地的定义为未经改造的矿业开采或者勘探活动区域，包括废弃矿区和损毁土地。倪彭年是我国较早开展矿业废弃地研究的学者之一，在其编译的《工业废弃地上的植物定居》（*Colonization of Industrial Wasteland*）一书中，矿业废弃地被定义为采矿活动所破坏的、不经治理无法使用的土地。也有学者认为，矿业废弃地是人类在获得矿产资源的过程中，人为地对土地及地下资源进行改造的区域，是被高强度采矿活动所破坏、无法利用的土地。

本书研究的是以煤矿开采为主的矿业废弃地，根据研究对象，结合上述定义，本书所指的矿业废弃地是指在采煤、选煤和炼煤过程中因挖损、塌陷和压占等原因遭到破坏或污染，目前处于损毁、闲置、遗弃或未完全利用的状态，部分需要经过修复治理才能使用的土地（图 2.1）。

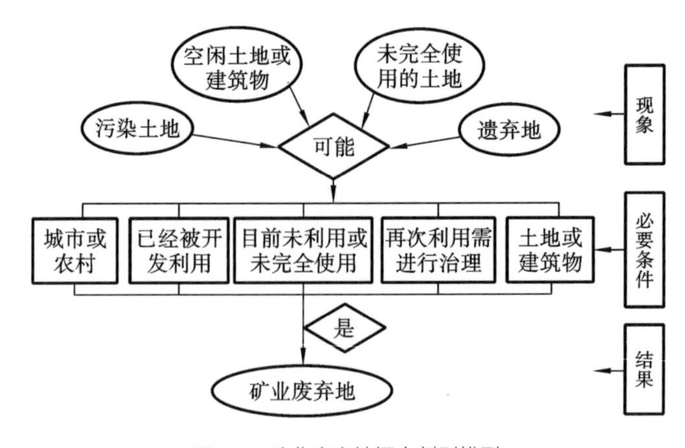

图 2.1 矿业废弃地概念判别模型

Fig. 2.1 Criteria within the definition of abandoned mine land

2.1.1　产生

矿业废弃地是矿业开采不可避免的产物。基于雷蒙德·弗农（Raymond Vernon）提出的产品生命周期理论，矿业用地的生命周期可以分为勘探建设—投产—稳定达产—衰减报废或再生利用四个发展阶段。矿业废弃地的产生伴随着矿业用地的整个生命周期，并在不同时期呈现不同的特征，具体如图 2.2 所示。

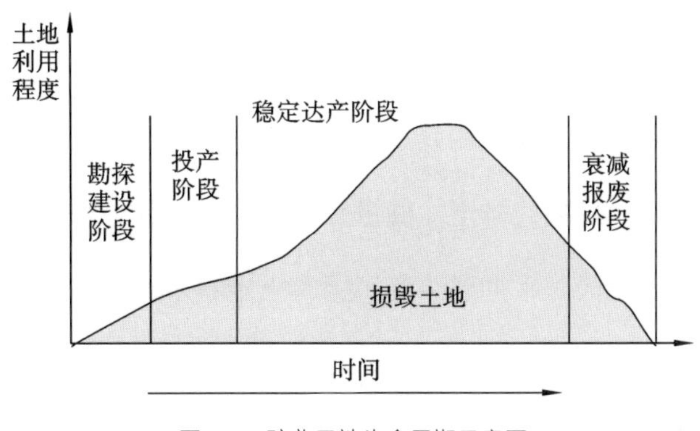

图 2.2　矿业用地生命周期示意图

Fig. 2.2　Diagram of abandoned mine land life cycle

从勘探建设阶段开始，围绕工矿基地建设少量初级加工企业和简易的工人居住点，伴随矿产资源的发现和建设的兴起，产生少量建设废弃物；在投产阶段，塌陷地开始出现，矸石山、尾矿堆、通风口用地、排水用地等压占地增加，土地利用程度也逐渐增加；到稳定达产阶段，矿业开采能力达到峰值，塌陷地、尾矿堆、矸石山、粉煤灰等矿业废弃物产量也进一步增加，毗邻矿业生产用地的村庄发生塌陷、房屋损坏和地下水疏干等问题，土地利用程度达到最高；最后，随着资源的衰竭，矿业生产进入衰减和关闭报废阶段，工业广场、塌陷地、矸石山、尾矿堆等闲置于城市之中，土地利用程度降至最低。

根据上述对矿业废弃地产生过程的分析可知，矿业废弃地大都闲置时间较长，矿业用地整个生命周期伴随矿业开采会持续几十年甚至上百年，而过去对生态环境的保护尚未引起足够重视，导致伴随矿业开采形成的矿业废弃地和废弃物可能闲置、堆放长达数十年之久，以北京市门头沟区王平镇煤矿为例，该矿 1964 年成立，1994 年闭矿停产，至今，原工业生产广场已闲置 30 余年，开采形成的矸石山更是已堆放 50 余年。另一方面，矿业开采形成的废弃地种类复杂，包括矸石压占地、设施压占地、积水塌陷地、裂缝塌陷地、工业废弃广场等多种类型，增加了再生利用的难度。

2.1.2 种类

矿业开采一般分为露天开采和井工开采两种开采方式。露天开采直接作用于敞露的地表，通过剥离、挖掘、排土、掘进等一系列采矿作业获取矿产资源。由于大面积的采挖和堆土，露天开采彻底改变了原有土地景观类型，是人类活动在地球上留下的明显“伤疤”（图 2.3）。露天开采具有资源利用充分、回采率高、贫化率低等优点，露天开采形成的废弃地主要包括挖损地貌（如露天矿坑）、固废堆场（如排土场），以及滑坡体和工程作业用地。

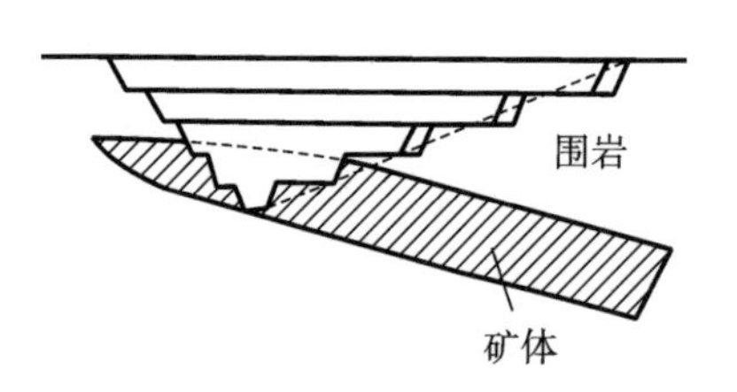

图 2.3 露天开采示意图

Fig. 2.3 Diagram of surface coal mining

井工开采从地面向地下挖掘，是应用井筒和地下巷道系统在地下进行矿业开采作业的技术方法，我国 90% 以上的煤炭通过井工开采方式获得（图 2.4）。和露天开采相比，采用井工开采的方式难度更高，常见的有立井开拓、斜井开拓、平硐开拓和综合开拓等。井工开采造成的废弃土地类型主要包括塌陷废弃地、压占废弃地（矸石山为主）以及工业和生活场地废弃地。截至 2014 年，中国煤矿类井工开采占地面积约 93 万公顷。

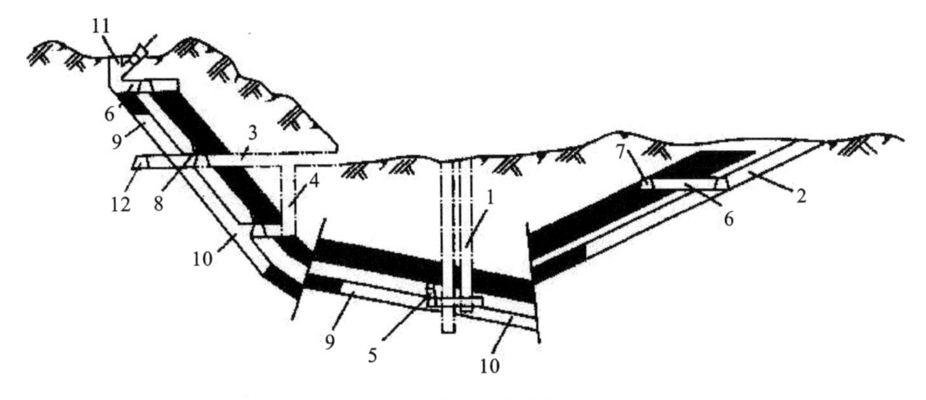

图 2.4 井工开采示意图

Fig. 2.4 Diagram of underground coal mining

1—立井；2—斜井；3—平硐；4—暗立井；5—溜井；6—石门；

7—煤层平巷；8—煤仓；9—上山；10—下山；11—风井；12—岩石平巷

从损毁土地类型上看，露天矿坑、排土场、塌陷地和矸石山是典型的矿业废弃地类型。事实上，矿区周边遗弃的矿工生活区、废弃房屋也应属于矿业废弃地的范畴。在特大型综合性城市矿业废弃地中，基于开采方式和损毁土地类型，对矿业废弃地进行如下分类（表 2.1）。

表 2.1 特大型综合性城市矿业废弃地分类

Tab. 2.1 Classification of abandoned mine land in mega cities

开采方式	损毁土地类型	名称
露天开采	挖损废弃地	露天矿坑
	压占废弃地	排土场 滑坡体 设施压占地 其他压占地
	其他废弃地	工业广场废弃地 遗弃生活区 其他废弃地

续表

开采方式	损毁土地类型	名称
井工开采	塌陷废弃地	裂隙塌陷地 洼地塌陷地 漏斗塌陷地 其他塌陷地
	压占废弃地	煤矸石压占地 矿石、矿渣压占地 设施压占地 其他压占地
	其他废弃地	工业广场废弃地 遗弃生活区 其他废弃地

2.1.3 特点

根据前文分析，矿业废弃地特点可以总结如下。

（1）地貌构造特殊性

矿业废弃地通常是因人类活动剧烈干扰，导致原本地貌遭到损毁或破坏，或形成新的人工地貌的特殊土地。其中，塌陷地是因地表下陷形成的塌陷、积水、裂缝的地貌，地质结构特殊且具有一定的安全隐患。矸石山、排土场等是由矿业废弃物堆积形成的人工地貌，土壤理化性质特殊，易造成环境污染。矿业废弃地场地特点受矿区地形地貌、水文地理环境的直接影响。因此，应在充分考虑地貌特殊性的基础上，开展矿业废弃地的再生利用工作。

（2）景观呈现破碎化

矿业废弃地的生态稳定性因开采活动遭到破坏，采矿活动改变了原有的景观生态结构。新形成的景观系统空间分布不均匀，景观破碎性和异质性增强，生态格局的连续性被破坏，大大降低了场地的原生态系统服务功能。

（3）危害周围生态环境

矿业废弃地中受污染的土壤和堆放的工业废弃物（例如煤矸石山、尾矿堆）引起的大气污染、土壤破坏、水体污染、地质灾害、景观破坏等问题直接制约着所在城市的社会、经济发展。加之其占地面积大、影响范围广，对周边生态环境造成严重威胁。

（4）威胁居民身体健康

一般矿业废弃地周围会形成或大或小的矿业社区，矿业废弃地不仅影响居住在附近的成千上万居民的身体健康，还威胁着周边居民的人身安全。例如，煤矸石山具有自燃和滑坡的危险。美国曾发生一起 244 米高矸石山滑坡，造成 800 多人死亡的重大事故。

2.1.4 土地利用现状

中国拥有非油气矿山数量 11 万余座。近年来，由于矿产资源整合、去产能、自然保护区矿业权退出等政策原因，全国矿山关闭近 5 万座，采矿损毁遗弃土地面积达到 300 多万公顷，占矿山总面积的 28.8%。[1]

由于中国矿业用地的取得一般来自集体所有土地和国有土地划拨，矿业生产企业具有矿业用地的使用权，也承担着矿业废弃地的土地复垦义务。对于历史遗留的无法确定土地复垦义务人的矿业废弃地，则根据《历史遗留工矿废弃地复垦利用试点管理办法》，由县级以上人民政府负责组织复垦。然而，矿业废弃地作为一类特殊的工业用地，分布范围广、修复难度大、地质条件复杂、前期投入资金高，导致失去矿业经济支撑的矿业生产企业经济疲软，缺乏矿业废弃地土地复垦和再生利用能力。而地方政府也大都财政经费紧张，建设资金

1 数据来自中国地质调查局 2016 年度的《全国矿山地质调查报告》。

不足，无法将开发重点放到矿业废弃地土地复垦领域。结果导致中国目前仅有少量矿业废弃地得到复垦；更少量的废弃地在土地复垦基础上得到资源盘活，转型为农业用地或建设用地；多数矿业废弃地则闲置于城市中，造成土地资源浪费和生态环境污染（图 2.5）。

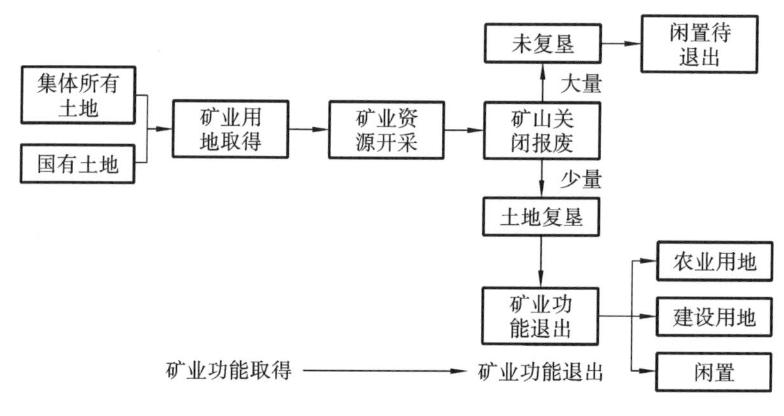

图 2.5 矿业废弃地土地利用现状

Fig. 2.5 Abandoned mine land use situation

另一方面，矿业废弃地分布零散、斑块大小不一、景观破损度高、集中连片程度低，也增加了矿业废弃地的土地复垦难度。截至 2015 年，中国 300 多万公顷的矿业损毁废弃土地仍有 214 万公顷未经复垦，约占矿业损毁土地总数的 71%。其中，塌陷区面积约 56 万公顷，采矿场损毁土地约 122 万公顷，固体废弃物堆放损毁土地约 36 万公顷。

根据对土地利用现状的分析可知，我国矿业废弃地数量多，尤其近年新关闭的矿井数量逐渐增加。由于复垦难度大、地质条件复杂、集中连片程度较低、复垦资金有限等原因，多数矿业废弃地处于闲置状态，仅有不到 30% 的矿业废弃地得到土地复垦，且再利用模式以农业发展为主，较少转化为建设用地等其他利用方式。中国的矿业废弃地再生利用任务仍然十分艰巨。

2.1.5 对特大型综合性城市发展的影响

矿业废弃地既是采矿活动的终点，也是开启其他经济活动的起点。虽然矿业废弃地闲置时间长、种类复杂，但是，矿业废弃地的土地资源、建筑资源、废弃物资源都可以作为利用对象，具有可再生潜力。通过合理的生态修复和再生利用，数量庞大的矿业废弃地可以转化为农业、林业、渔业、绿地等农业生态用地，也可以转化为住宅、商业、科研办公、园林绿化等功能的建设用地，成为城市转型更新的着力点。下面对矿业城市矿业废弃地和非矿业城市（主要指的是特大型综合性城市）矿业废弃地对城市发展的影响进行对比分析。

（1）矿业废弃地对矿业城市发展的影响

位于矿业城市的矿业废弃地对城市发展一般具有如下影响：

①数量多、面积大，增加了土地管理的复杂性，占城市土地利用面积比重较高，是城市的重要用地类型组成。

②由于曾经的矿业经济对城市经济发展和格局形成具有强烈支撑和主导作用，因此，矿业开采活动停止后，往往导致矿区经济发展停滞，产业结构失衡，失业问题突出，对城市经济发展产生明显的消极影响。

③矿业开采导致地表形态、地层结构和生态群落遭到直接摧毁，原土景观被固体废物、矸石山、尾矿堆、工业广场等压占，景观生态格局变化迅速，城市污染随着工业化进程的深化而急剧蔓延。对矿业城市整体生态环境系统造成较大威胁，然而由于土地环境治理没有明确责任界定以及资金限制，环境治理困难重重。

④矿业废弃地再生利用需要依托矿业城市转型升级进行，矿业废弃地再生利用直接影响矿业城市转型升级。

⑤矿业企业封闭式的管理方式阻碍了城市空间的统一布局，矿业用地绝缘于其他城市用地，企业长期对经济利润的追求导致矿业城市整体基础设施建设薄弱，矿

业废弃地自身基础条件较差。

⑥矿业城市政府更多将注意力放在经济转型升级，而矿业企业又历史包袱沉重，导致矿业废弃地再生利用缺少足够的财政和税收支撑。

（2）矿业废弃地对特大型综合性城市发展的影响

位于特大型综合性城市的矿业废弃地既具有矿业城市矿业废弃地的特征（例如影响城市生态环境、阻碍城市经济发展），也有着区别于矿业城市矿业废弃地的自身属性。其对城市发展的影响可以总结如下：

①分布数量和面积小于矿业城市矿业废弃地，土地碎片化程度较高，和居住、商业、绿化用地混杂在一起，影响城市整体功能布局。

②矿业经济并非综合性城市的支柱经济，因此，矿业企业关闭退出虽然对城市经济发展产生不利影响，但不会发生“矿竭城衰”这类严重问题，这也导致位于综合性城市的矿业废弃地未得到有效重视。

③矿产资源开采对生态环境和土壤产生污染破坏，对城市整体生态环境系统造成较大影响。尾矿、矸石山、塌陷地等特殊地质结构、水文地理环境加大了城市环境问题和地质灾害发生频率，废弃地整治难度大，导致城市整体环境质量低下，生态环境整治压力高。

④浪费城市土地资源，特大型综合性城市土地资源紧缺问题更加明显，尤其在北京、天津、重庆这类全国性特大型综合性城市，城市寸土寸金，矿业废弃地的土地经济价值更高，用途功能更广。

在特大型综合性城市，矿业废弃地分布分散，矿业经济并非城市支柱产业，但是，特大型综合性城市城镇化发展速度较快，土地资源紧缺问题凸显，使得政府和开发商更愿意开发特大型综合性城市矿业废弃地；另一方面，随着生态文明建设要求的提高，环境修复是城市的重要工作内容，矿业废弃地带来的生态环境问题越来越得到政府的关注和重视，治理修复矿业废弃地成为许多综合性城市的重要工作；

另外，特大型综合性城市虽然也存在基础设施建设薄弱的问题，但整体建设水平要高于同级别的矿业城市，经济基础也相对雄厚，故矿业废弃地所处的整体区位环境要优于矿业城市，降低了开发难度和开发风险。事实上，政府和开发商已经对部分区位条件较好的特大型综合性城市矿业废弃地进行了再生利用。例如，北京市门头沟区的城子煤矿、门头沟煤矿、杨坨煤矿、石门营勘探区等矿业用地自 2003 年起，已经被用于房地产开发、道路建设、回迁房安置和文化活动中心建设（表 2.2）。

表 2.2 北京市建设用地压矿目录（部分）

Tab. 2.2 Catalog of construction land occupying mine land in Beijing

项目名称	压覆矿区名称	基准日
门头沟区看守所、拘留所	门头沟区杨坨煤矿杨家坨井田	2004-1-4
门头沟新城城子地区 21-218 号土地一级开发	门头沟区城子煤矿城子井田	2007-5-23
门头沟区采空棚户区改造石泉砖厂 B 地块定向安置房	门头沟煤矿门头沟井田	2009-11-30
门头沟区军庄镇西杨坨村西六环拆迁村民回迁用房	门头沟区杨坨煤矿杨家坨井田	2011-4-30
门头沟区采空棚户区改造黑山地块定向安置房	门头沟煤矿门头沟井田、冯村勘探区	2011-6-30

来源：《北京市建设用地压矿汇总》

2.2 矿业废弃地再生

2.2.1 概念辨析

2.2.1.1 相关概念辨析

在不同的国内外学术文章中，矿业废弃地（abandoned mine land, AML）经常与复垦（reclamation）、恢复（restoration）、修复（remediation）、再利用（reuse）、更新（renewal）、再开发（redevelopment）等动词连在一起使用，甚至与这些动词同时出现的频率高于矿业废弃地再生（regenerate）出现的频率。这些英文拼写均以“re”为前缀的相关概念，背后包含着不同的内涵和时代特征，比较、辨析这些相关概念可以进一步加深对矿业废弃地再生内涵的认识。

复垦、恢复、修复三个概念出现得最早，多出现在矿业废弃地生态治理类文章中。其中，复垦是指对矿业生产活动造成的破坏土地“采取整治措施，使其达到可供利用状态的活动[1]”，强调对土地生产力的恢复，且恢复后的土地优先用于农业。恢复是指“协助已经退化、损害或彻底破坏的生态系统回复到原来发展轨迹的过程”[1]，强调帮助受损土地恢复到破坏前的原貌。修复是基于生态恢复学演进出来的概念。随着研究的深入，学者们发现生态恢复的原始状态很难确定，且在实际操作中也不可行，修复一词的描述相较于恢复更加科学准确。在此认识下，修复逐渐被广泛使用，并逐步替代恢复。复垦、恢复和修复多以塌陷地、矸石山为研究对象，以矿业废弃地生态治理为研究目标，是矿业废弃地进行其他再生利用的基础，也是矿业废弃地的传统研究领域。

再利用、更新和再开发的概念多出现在城市规划、景观设计和建筑遗产保护领域，和矿业废弃地连在一起使用也多是出现在景观设计、土地功能置换和政策研究范畴。其中：再利用是指“将废物直接作为产品或者经修复、翻新、再制造后继续作为产品使用，或者将废物的全部或者部分作为其他产品的部件予以使用”，强调对废弃物、土地资源、废旧建筑等的继续使用，是满足新的使用需求下对废弃地寿命的延续；再开发是指“进行购买、拆除后进行新的开发的过程”，强调的是对损毁土地的二次开发，过程多涉及废弃土地的功能置换；更新多指矿业废弃地的景

1 出自《土地复垦条例》，国务院令第 592 号。

观更新，是“通过景观途径对场地自然要素和场地构筑物、建筑物、机器等设施进行改造与再利用，通过科学和艺术方法改善场地生态环境、营造公共空间”的方式。矿业废弃地再利用、更新和再开发针对的研究对象更广泛，包括废弃物、塌陷地、矸石压占地以及废弃工业广场等，研究的目标不仅是生态治理，还包括对矿业废弃地土地资源价值、建筑价值、景观价值和历史文化等价值的进一步挖掘，尤其侧重矿业废弃地土地利用的多元化和效益优化。

“再生（regenerate）”一词源自生物学，最初是指“组织损伤后细胞分裂增生以完成修复的过程”（《中国百科大辞典》，1990），用于描述生物体的一部分在损坏、脱落或被截除之后，重新生成大致相同结构的过程。“再生”的概念后被应用到社会学和生产学等领域。根据《汉语大词典》的解释，“再生”是指:①死而复活，重新给予生命；②有机体的组织或器官的某一部分丧失或受到损伤后，重新生长；③对某些废品进行加工，使恢复原来性能，成为新的产品。综上，“再生”是基于发展需求形成新的活力的过程，强调的是系统的复活、修复与新生，是一个更加综合性的表述。

矿业废弃地具有从废弃无用到变宝有用的“再生”能力，是一个有机生命体。随着研究的深入，对矿业废弃地的认识不应仅停留在生态环境修复或单个场地的景观改造，而更应将相互关联的矿业废弃地及其周边环境视作一个系统和整体，从整体的视角探讨再生利用的更多可能。在矿业废弃地再生过程中，不仅研究生态治理和二次开发利用的方法途径，而且更加注重如何开发利用得更好，使其演变成对城市发展有利用价值的土地。因此，矿业废弃地再生涉及矿业废弃地与城市发展的关系。

本书之所以采用“矿业废弃地再生”这一表述，一方面是强调矿业废弃地的再生长能力，以及寻求最优开发利用途径的重要性；另一方面则是强调应以更加全面、综合、整体的视角进行矿业废弃地再生研究，促使矿业废弃地为城市发展焕发新的活力（表 2.3）。

表 2.3 矿业废弃地再生概念的历史演进

Tab. 2.3 The historic progress of abandoned mine land regeneration concept

概念	第一阶段	第二阶段	第三阶段
	复垦、恢复、修复	再开发、再利用、更新	再生
研究对象	塌陷地、压占地	废弃物、塌陷地、矸石压占地、废弃工业广场	矿业废弃地系统和周边环境
研究内容	生态治理技术和相关法律法规	景观设计、土地功能置换、废旧建筑再利用	再生长能力、最优开发利用途径、与城市发展的关系
研究目标	生态治理	资源继续使用、土地资源二次开发和潜在价值挖掘	成为对城市发展有利用价值的土地、促进城市可持续发展

2.2.1.2 矿业废弃地再生的内涵和概念

从广义上理解，矿业废弃地再生是一个多目标的行动体系，不仅聚焦单个地块的开发利用，更以矿业废弃地系统、系统内各组成部分关系以及周边环境为研究对象，再生目标既可以是生态环境的修复，也可以是房地产开发或公园绿地建设，强调修复场地的活力和城市的生命力。矿业废弃地再生的内涵也是矿业废弃地再生需要解决的问题，主要包括以下三个方面。

（1）生态再生是矿业废弃地实现其他发展目标的基础

生态文明建设是城市可持续发展、人与自然和谐相处的必然要求。矿业废弃地再生对城市生态环境和人居环境的改善具有重要意义。多年的高强度矿业开采严重破坏了矿业废弃地所在地区的自然环境，环境污染、地表塌陷、土地所属权不明等使得矿业废弃地生态环境建设难上加难。矿业废弃地再生作为一种面向未来的发展指引，需要高度重视生态环境建设，以生态学的理论指导矿业废弃地再生，挖潜矿业废弃地地方性生态特征，追求资源可持续利用，因地制宜地开展生态环境修复治理，将生态环境、社会、经济组成一个生命系统，融入矿业废弃地再生过程之中，引导城市转型升级。由于矿业废弃地再生强调的是整体视角，因此，在植被修复、固废再利用、重金属排除等生态修复技术的基础上，矿业废弃地再生更加关注生态系统重塑（例如水网、绿网构建）和生态格局构建的问题，这是矿业废弃地实现其他发展目标的基础。

（2）场地再生是矿业废弃地再生的基本要求

场地再生是指矿业废弃地系统及系统内各组成部分（例如场地自然要素、构筑物、建筑物、机器设备等）的改造、重组和整合，主要包括场地建筑再生利用、地上地下空间整合优化、矿业人文价值挖掘和景观资源盘活等。借鉴杨浩对城市更新方式的划分，矿业废弃地场地再生类型可以分为综合整治类、功能升级类和性质转换类三种。综合整治类再生适用于底子薄但历史文化价值突出的废弃地，可采用文化保留、场地环境提升和保护建筑主体的方式进行再生利用；功能升级类再生适用于需要提高开发强度和开发效率，无须改变用地性质的废弃地；性质转换类再生适用于需要新产业、新功能的废弃地。场地再生不仅关注矿业废弃地自身条件，还关注周边环境对再生利用的促进和阻碍作用，强调矿业废弃地的再生长能力和动态生长机制，是矿业废弃地再生的基本要求。

（3）城市再生是矿业废弃地再生的终极目标

矿业废弃地再生研究虽然针对的是矿业废弃地系统，但最终目标是改善城市社会、经济、物质和环境现状，促进城市的生态环境修复和可持续发展。具体而言，城市再生主要是指矿业废弃地对城市的社会发展、产业升级和功能布局优化方面进行提升。其中，社会发展是指促进社会进步，满足公众对社会和谐和公共利益实现的需求，包括提升公共设施服务水平、优化资源配置、创造就业机会等；产业升级通过对原有产业进行转型升级，培养关联产业和后续替代主导产业，建立相应的产业补偿机制，实现城市振兴和旧矿区改造升级；功能布局优化则是指提高土地利用效率和质量、促进土地结构优化，提高城市整体功能布局。

根据上述分析，矿业废弃地再生是以地理学、恢复生态学、景观生态学、建筑学、城乡规划学等为基础，在生态治理的基础上，整合现有废弃资源，从优化土地利用结构、构建生态安全格局、提高城市整体空间布局、改善人居环境和提高再生利用效益的角度出发，通过对矿业废弃地系统及系统内各组成部分进行二次开发利用，使其恢复活力，并演变成为对城市发展有利用价值的土地的过程。不同于复垦、恢复、修复、再开发、再利用和更新，“再生”内涵更广、更多元化，以解决生态再生、场地再生和城市再生为目标，具有综合性、整体性和可持续性（图 2.6）。研究矿业废弃地再生可以为从城市的整体视角开展矿业废弃地研究提供新的理论方法，有助于厘清矿业废弃地和城市发展的内在联系，使矿业废弃地再生更适应时代发展潮流。

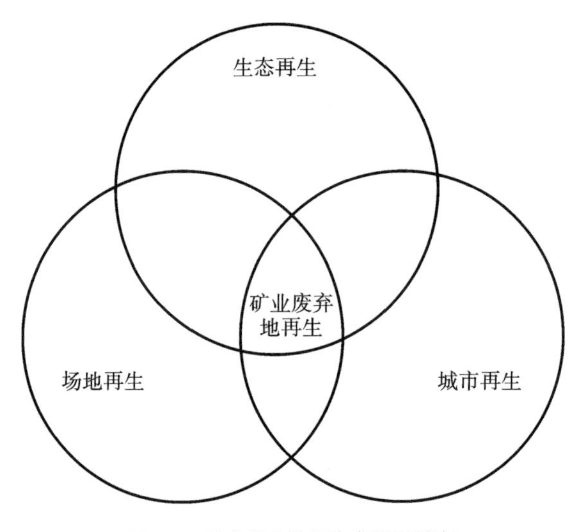

图 2.6 矿业废弃地再生内涵三要素

Fig. 2.6 Three elements of abandoned mine land regeneration concept

2.2.2 驱动机制和影响因素

2.2.2.1 驱动机制

对矿业废弃地的产生特点、种类和对城市发展影响的分析表明，随着资源型产业的搬迁、退出和关闭，在去矿业化和新型城镇化进程中，矿业废弃地对城市发展产生生产空间分散低效、生活空间品质低下、生态空间环境恶化等不利影响，而市场需求、政府推动、社会要求是矿业废弃地再生的主要驱动来源。其中，城市职能转换、经济结构转型、城市空间重构、绿地和广场空间匮乏、城市空间形态分散、生态环境污染严重、基础设施建设薄弱、商业服务配套不足是综合性城市矿业废弃地再生的功能转换需求和政府、社会驱动需求；城镇用地快速扩张，土地空间收益低效，房地产行业、服务业和商业的快速发展，土地供需关系紧张是综合性城市矿业废弃地再生的资本运行需求和市场驱动需求。

具体而言，政府通过用地规划和财政扶持来满足城市转型升级过程中对土地资源和城市发展的需求，矿业废弃地再生离不开政府扶持；市场基于土地价值规律，城市资本从早期的工业生产向城市环境建设、生产服务、休闲游憩等第三产业转变，原位于城市中心区域的矿业废弃地逐步被房地产、商业和服务业等替代，旧的品质不高的商业、住宅区被新的品质较高的商业、住宅所取代，通过资本运行完成矿业废弃地再生利用；随着物质生活水平的提高，人们对社会公共服务、基础设施建设、居住环境品质等提出了更高的要求，社会性花费增加，也驱动着矿业废弃地的再生利用（图 2.7）。

综上，综合性城市矿业废弃地再生的驱动因素来自政府、市场和社会。通过技术革新、机制更新和模式创新，对矿业废弃地及其周边环境进行综合整治，可以实现生产空间集约高效、生活空间舒适宜居和生态空间优化改善。生态空间改善对应再生内涵中的生态再生，是矿业废弃地再生的基础；生产空间再生对应再生内涵中的场地再生，是矿业废弃地再生的基本要求；而生活空间重构对应再生内涵中的城市再生，是矿业废弃地再生的终极目标。本研究中，明确矿业废弃地再生的影响因素有助于探讨矿业废弃地再生技术革新的可能方向，探讨矿业废弃地再生的基本模式有助于确定模式创新方向，规划编制探讨则有助于确定矿业废弃地再生的更新机制。

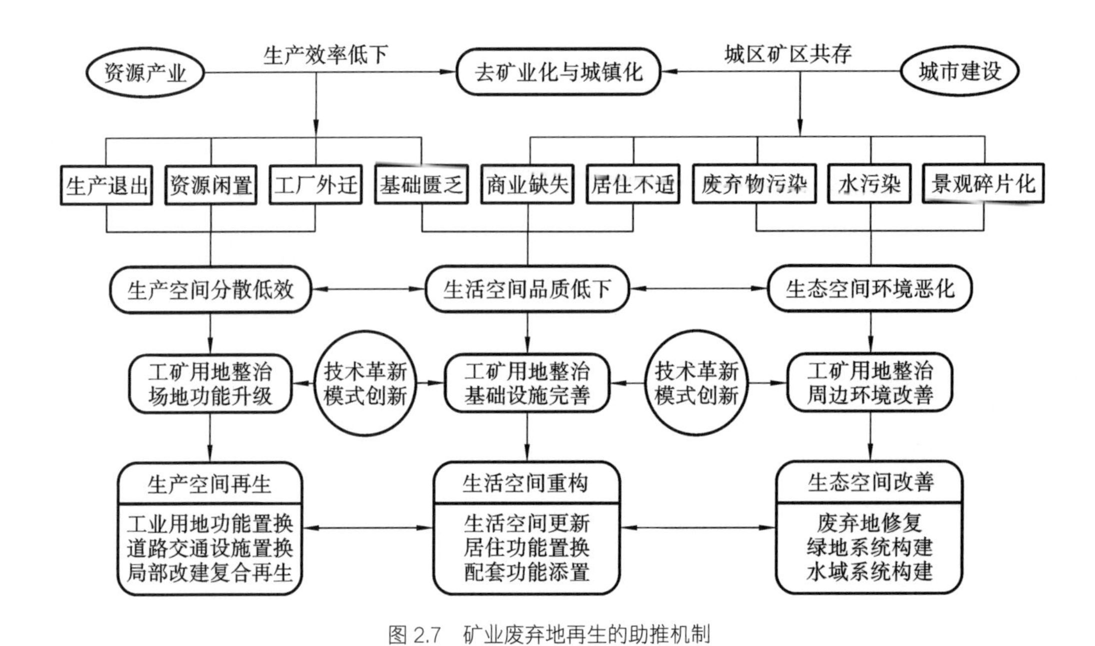

图 2.7　矿业废弃地再生的助推机制

Fig. 2.7　Driving mechanism of abandoned mine land regeneration

2.2.2.2　影响因素

以往对矿业废弃地再生影响因素的研究主要集中在法律法规、修复资金和场地自身条件三个方面，多从生态状况、修复成本、植被覆盖指数、地表损毁程度等开展具体研究。根据前文分析，矿业废弃地再生需要在对城市发展影响的整体视角下进行，以矿业废弃地及周边环境为一个系统进行研究，而规划编制是将矿业废弃地再生融入城市发展的最佳切入点。因此，矿业废弃地再生不仅需要考虑法律法规、修复资金和场地自身条件对再生行为的影响，还应该考虑规划编制和周边环境对再生利用的影响，具体如下。

（1）法律法规是矿业废弃地再生利用的依据

法律法规是保障矿业废弃地再生实施的依据和基础。矿业废弃地地质结构特殊，再生难度和前期投入高于一般闲置土地，深刻理解法律法规内容，是做好矿业废弃地再生利用工作的基本前提。自 20 世纪 80 年代以来，我国政府出台了一系列矿业废弃地再生利用相关的法律规定和政府文件。随着不同发展时期再生利用目标的丰富和技术手段的完善，以及受不同思潮和主义的影响，这些法律法规呈现从土地复垦向多日标综合治埋发展完善的趋势（表 2.4）。

表 2.4 矿业废弃地再生规划的相关法律规定

Tab. 2.4 Legal provisions of abandoned mine land regeneration plan

法律规定名称	颁布时间	对矿业废弃地再生基本要求
《全国土地整治规划（2016—2020 年）》	2017 年	充分挖掘利用旧工矿用地，优化工矿用地结构和布局，加强工矿用地生态修复和景观建设
《全国矿产资源规划（2016—2020 年）》	2016 年	加快推进矿山环境治理与矿区土地复垦，改善矿区及周边地区生态环境
《全国资源型城市可持续发展规划（2013—2020 年）》	2013 年	加快废弃矿坑、沉陷区等地质灾害隐患综合治理，强化废弃物综合利用，加强矿山地质环境恢复治理，结合工矿废弃地治理，建设总量适宜、景观优美的城市绿地和景观系统
《土地复垦条例实施办法》	2012 年	土地复垦应综合考虑复垦后的社会效益、经济效益和生态效益。能够复垦为耕地的，应优先复垦为耕地。开展土地复垦调查评价、编制土地复垦规划设计等工作
《土地复垦质量控制标准 TD/T 1036—2013》	2013 年	遵循保护土壤、水资源和环境质量，保护文化古迹，保护生态，防止水土流失和次生污染的原则，因地制宜选择复垦土地的用途，宜农则农，宜林则林，宜牧则牧，宜渔则渔，宜建则建。条件允许的地方，应优先复垦为耕地
《关于加强国家矿山公园建设的通知》	2006 年	在有必要、有条件的地区，要开展重要矿山的自然、文化遗迹的保护和相关服务性设施的建设，使矿山环境恢复治理和矿山公园建设有机结合起来，发挥其更大的综合效益

经对比分析，上述法律法规均从不同角度出发，提出了矿业废弃地再生规划需要考虑的问题。《关于加强国家矿山公园建设的通知》是我国矿业废弃地再生与景观规划结合的标志性文件，但该文件以矿山公园建设为再生目标，并未考虑矿业废

弃地如何与其他土地利用类型结合的问题。《土地复垦质量控制标准》《土地复垦条例实施办法》均以土地复垦为出发点，以农业用地为主要再生利用目标，虽然提出宜建则建，但并未指出什么样的矿业废弃地适合用于建设用地，以及如何建设。《全国资源型城市可持续发展规划》既提出了工矿废弃地治理，也提出了应建设景观优美的矿业城市，但是二者是分开的，并未统一考虑。《全国土地整治规划（2016—2020 年）》是最新的矿业废弃地再生相关规划，其指出不仅需要优化工矿用地结构和布局，也需要加强工矿用地生态修复和景观建设，相较其他法律法规更加综合和整体。

值得指出的是，上述法律法规虽然明确了矿业废弃地再生利用应综合考虑社会效益、经济效益和生态效益，然而，由于颁布这些法律法规的主要负责部门为国土资源部，而国土资源部的主要职能是保证全国耕地面积总数不减少，因此其颁布的矿业废弃地相关规定以优先复垦为耕地为主。

（2）修复资金是矿业废弃地再生实践的保障

复垦资金是矿业废弃地再生实践的保障。按照复垦义务人不同，我国矿业废弃地可以分为在建和新建的生产建设损毁土地以及历史遗留损毁土地。其中，在建和新建的矿业废弃地复垦资金主要来自矿业开采企业的土地复垦费或矿山地质环境治理恢复基金；历史遗留矿业废弃地的复垦资金主要来自政府投资、社会投资、政府和社会合作投资。

对于在建和新建的矿业损毁土地，一方面，按照《土地复垦条例实施办法》要求，土地复垦义务人应在动工前，建立专门的土地复垦费用账户，预存土地复垦使用费用，并按照土地复垦方案确定的土地复垦费用使用计划，向损毁土地所在地县级国土资源主管部门申请支取土地复垦费用。另一方面，2017 年 11 月财政部等三部门在《关于取消矿山地质环境治理恢复保证金 建立矿山地质环境治理恢复基金的指导意见》中取消了矿山地质环境治理恢复保证金制度，以建立基金的方式筹集土地复垦义务人的治理恢复资金，进一步明确了环境治理的负责人，加大了企业的资金自主使用权。

对于历史遗留矿业废弃地，根据《土地复垦条例》，土地复垦的主管部门是当地政府，可以按照“谁投资，谁受益”的原则吸引社会资金参与复垦活动。目前，政府投入的土地复垦资金主要来自以下四个途径：耕地开垦费和新增建设用地土地有偿使用费；用于农业开发的土地出让收入；可以用于土地复垦的耕地占用税地方留成部分；其他可以用于土地复垦的资金。

值得指出的是，法律法规虽然规定了矿业废弃地生态治理的资金来源，但也主要是用于土地复垦，并不保证后续再开发需要的经费来源。由于矿业废弃地再生建设投资多、周期长、风险高，仅仅依靠政府和矿业开采企业的投资和建设远远不够。PPP（public private partnership，公私合作）模式鼓励以市场机制为基础引入社会资本，通过发挥社会资本的技术优势和专业经验，推进相关项目实践。PPP 模式是解决矿业废弃地再生资本来源的切实可行路径。目前，PPP 模式在基础设施和公共服务投资融资领域得到了广泛应用，并积累了一定的经验，对矿业废弃地再生具有一定的借鉴作用。

（3）周边环境是矿业废弃地再生的外在驱动力

矿业废弃地再生面临生态环境修复、产业结构转型、土地功能置换等需求，周边环境既是矿业废弃地再生的研究对象，也是矿业废弃地再生利用的外在驱动力。不同的产业集聚情况、区位环境、交通条件和公共服务设施配置使得矿业废弃地再开发潜力和再开发模式不尽相同。例如，产业集聚情况是指区域周边生态农业和文化旅游集聚程度，是判断矿业废弃地是否适合发展生态农业或旅游业的重要判定标准；交通区位条件是指周边交通系统的完善程度和与城市中心建成区距离，交通区位条件越便利，矿业废弃地的土地增值潜力越大；公共服务设施配置是指矿业废弃地周围教育、文化体育、医疗卫生和商业服务等设施的完善程度，公共服务设施配置越完善，代表矿业废弃地的再生潜力越高，再开发越应该受到重视。

（4）场地自身条件是矿业废弃地再生的内在驱动力

矿业废弃地自身的建筑物、构筑物、景观资源、地上地下空间以及可再利用的废弃物都是废弃地再生的内在驱动力。场地自身条件越好，再开发难度越低，土地资源价值越高，效益也相应更高。合理利用场地自身条件，可以增加矿业废弃地的再生价值。例如，在旧建筑满足结构安全和消防要求的基础上，加强对旧建筑的综合整治，融合功能改变、加建扩建、局部拆迁等手段，从“拆除重建”为主向“留、改、拆”并举转变，缩短矿业废弃地再生的施工周期、降低建设成本，并对建筑资源进行循环再利用，也是实现矿业文脉延续和可持续发展的必由之路。

（5）科学规划是矿业废弃地再生的统领关键

规划是将矿业废弃地再生和城市发展直接联系的有效手段，编制科学的规划是实现矿业废弃地再生的统领关键。吴良镛先生曾说道：“采用适当规模、合适尺度，依据改造的内容与要求，妥善处理目前与将来关系——不断提高规划设计质量，使每一片的发展达到相对的完整性，这样而集无数相对完整性之和，即能促进北京旧城的整体环境得到改善，达到有机更新的目的。”[2] 矿业废弃地再生属于城市存量规划范畴，土地利用功能确定和开发强度调整是再生规划解决的核心问题，也是矿业废弃地获得增值收益的主要来源。同时，文化遗产保护、绿网水网构建、公共绿地补充、基础设施完善是组成矿业废弃地再生规划的重要内容。

综上，正是由于矿业废弃地再生是一个多目标的行动体系，需要基于多方面影响要素进行综合判断，因此，矿业废弃地再生不同于土地复垦或其他类型土地再开发，不仅受法律法规、修复资金和场地自身条件影响，还需要科学的规划引导，并基于对周边环境的判断进行再生利用。其中，法律法规是矿业废弃地再生利用的依据，修复资金是矿业废弃地再生实践的保障，周边环境是矿业废弃地再生的外在驱动力，场地自身条件是矿业废弃地再生的内在驱动力，科学的规划编制是矿业废弃地再生的统领关键。明确矿业废弃地再生利用的影响因素，有利于在后续再生利用实践中根据实际情况，对有利因素进行重点挖掘，对不利因素进行调整和修复。

值得指出的是，矿业废弃地种类复杂，再生利用模式不尽相同，虽然再生利用总的来说受上述五大方面因素影响，但不同的再生利用模式仍需要具体考虑不同的影响指标。例如，将矿业废弃地用于公园游憩用地时需要重点考虑植被覆盖度、文化旅游集聚度、历史文化价值等因素，而将矿业废弃地用于商业服务用地时需要重点考虑商业集聚度、与区中心距离、公共交通等因素。不同再生利用模式需要考虑的影响因素将在第 4 章和第 5 章做具体分析。

2.2.3 基本模式

模式创新是矿业废弃地再生的基本要求，也是支撑再生利用规划和加快城市转型发展的重要基础。按损毁土地类型，矿业废弃地可以分为塌陷型废弃地、压占型废弃地和其他废弃地（本书所指的其他废弃地主要是矿业废弃工业广场）。其中，塌陷型废弃地和压占型废弃地为矿业开采扰动后形成，一般不含工业生产建筑，再生以土地复垦、景观生态治理和生态产业（农业、林业、牧业、渔业等）发展为主；矿业废弃工业广场一般地下有煤柱支撑，不受采煤扰动影响，工程地质条件相对稳定、安全，且工业广场内保留了大量生产建（构）筑物、运输设施和井下空间，再生可以考虑将其置换为居住、商业、公园等功能。根据矿业废弃地再生的影响因素，结合李晓丹等[3]对矿业废弃地再生利用模式的研究，并对未来发展趋势进行预测判断，本书认为，矿业废弃地再生可以考虑如下模式。

（1）模式 1：以生态治理和生态产业发展为主的矿业废弃地再生

土地复垦和生态治理是针对因生产活动破坏或自然灾害形成的矿业废弃地最常见的再生利用模式，主要适用于塌陷型废弃地和压占型废弃地。根据分析，中国土地复垦利用类型中，耕地复垦率占 64%，农用地复垦率超过 90%，其他类型用地仅占不足 5%。[4] 这和中国地少人多、人均耕地面积紧张的基本国情有着直接联系。对于区位条件较差、土地利用面积较大、地上地下无可再利用建筑和空间等资源，且分布在偏远郊区的矿业废弃地，可以考虑以生态治理为主的再生方式，使其成为城镇绿色空间的一部分。近年来，也有科研单位和矿山企业在塌陷区建立农业生态园，修复损毁土地的同时获得了较好的经济收益，进一步提高了土地利用效率，使矿业废弃地具有生态和生产双重功能。

（2）模式 2：矿业废弃地置换为商业用地

为适应城市发展需求，矿业废弃地所在的综合性城市通常会进行土地使用制度改革和产业结构调整，改造和搬迁长期闲置、效益低下、污染严重的矿业企业，曾经占据城市中心城区的矿业用地逐渐向外围迁移，让出的场地用于发展需求较大且附加值较高的商业公共管理、公共服务和商业服务产业。该类型置换模式是城市“退二进三”“退城进郊”进程的空间表现，是提高城市中心城区环境质量和土地利用效率的重要举措。例如，辰山矿坑酒店位于上海市松江区西北方向，是在废弃采石场上建立起来的超五星级酒店。

对于拥有可再利用的建筑资源和井下资源，或区位条件和地质条件较好的矿业废弃地，尤其是矿业废弃工业广场，再生利用可以考虑将其置换为商业用地。矿业废弃地置换为商业用地通常具有如下特征：①场地地质条件较好，具有可再利用的井上或井下资源；②原用地区位条件优越，基础设施相对完善，形成一定商业集聚规模，交通条件便利，邻近城市道路、公交站点，或距离火车站、汽车站较近；③周围住宅小区分布较多，人流量较大，为商业发展提供潜在消费人群。

（3）模式 3：矿业废弃地置换为住宅用地

矿业废弃地置换为住宅用地是除复垦为耕地以外，转型最普遍、比例最高的置换方式。土地价值规律是矿业废弃地置换的根本原因。受市场机制和政府政策推动，原有工矿企业和土地开发商基于对利益的追求，往往会选择收益较高的房地产项目作为矿业废弃地的再开发方式。矿业废弃地置换为住宅用地可以缓解人口膨胀导致的城市中心区居住压力，增加居住供应，降低住房租赁价格。但这种矿业废弃地置换为住宅的模式常采用旧工业建筑就地拆除，重新建设新的居住小区的模式，重新利用场地旧工业建筑改造为居住功能的并不多见。以北京京西矿区为例，曾经的门头沟煤矿和杨坨煤矿，现在为大峪街道双峪社区、梨园社区、惠通新苑等住宅小区。

矿业废弃地置换为住宅用地通常具有如下特征：①原工业用地自身和周边的环境污染小，场地自身甚至不存在污染，对人体健康没有危害，通过简单修复即可重新使用；②原用地周边没有污染企业，如垃圾场、水泥厂、发电厂等；③自然环境优良，景观宜人，居住舒适性高。

（4）模式 4：矿业废弃地置换为公园、广场或绿化用地

随着对生态文明建设和美丽中国建设重视程度的提高，城市转型正在向生态友好、环境宜居的方向发展，通过矿业废弃地再生增加城市公园、广场和绿化用地是近年来的主要发展趋势。我国城市发展前期在生态环境建设方面欠账较多，城市内部景观破碎化、异质化严重，城市缺少公共绿地及公共活动设施，无法满足当代市民活动休闲需求。矿业废弃地土地利用密度低，建筑和景观风格特色明显，部分具有矿业遗产保护价值，为转化为城市公园、绿地与广场提供了优质的先天条件。相较于其他功能置换模式，矿业废弃地转化为公园、广场和绿化用地也更为便捷。

矿业废弃地置换为公园、广场或绿地通常具有如下特征：①原矿业废弃地位于滨水地带，分布于河流和湖泊沿岸，自然景观优美，生态环境宜人；②毗邻人口稠密区，服务于周围市民，可以为更多市民提供休憩和交流空间；③政府引导。由于公园、广场和绿地通常为盈利较低或非营利性用地，政府政策、财政支持和城市规划通常是引导矿业废弃地置换为公园、广场和绿地的主要途径。

对比置换发生的空间位置、面积大小、频率和空间特征（表 2.5），可以发现：

用于土地复垦或发展生态农业的矿业废弃地多在郊区和偏远地区，土地置换面积较大，置换发生频率高，用地形态多呈现块状；置换为商业用地多发生在城市内部，以城市中心和交通便捷区域为主，土地置换面积大，置换发生频率较高，用地形态多呈现块状；置换为住宅用地既可能发生在城市内部，也可能发生在城市郊区，以居住环境健康、交通便捷区域为主，土地置换面积较大，置换发生频率较高，用地形态多样，呈现出块状、斑点状和带状；置换为公园、绿地和广场用地则多发生在城市内部，土地置换面积相对较小，发生的频率也较低，多以块状、点状空间为主。在实际操作中，应该结合矿业废弃地周边环境和场地自身条件，因地制宜地确定矿业废弃地的再生利用模式，开展矿业废弃地再生实践。

表 2.5　矿业废弃地再生模式比较分析

Tab. 2.5　Comparison and analysis of four kinds of models of abandoned mine land regenerate

模式	废弃地类型	发生空间位置	场地面积	发生频率	形态特征
复垦、生态农业	压占型、塌陷型	郊区、偏远地区	大	高	块状
商业	废弃工业广场	城市中心和交通便捷区域	较大	较高	块状
居住	废弃工业广场	环境健康和交通便捷区域	较大	高	块状、点状、带状
绿地	废弃工业广场	城市内部	小	较低	块状、点状

2.2.4　存在问题

矿业废弃地再生利用是城市可持续发展的重要组成部分。海森堡曾说：“提出正确的问题，往往等于解决了问题的大半。”发现问题、提出问题、总结问题是明确问题研究方向的基础。“十三五”建设规划发布以来，中国矿业废弃地再生面临着新的形势，机遇和挑战并存，分析矿业废弃地再生利用现存的主要问题，是确定矿业废弃地再生重点研究方向的抓手。根据前文分析，中国矿业废弃地再生利用主要存在着如下问题。

（1）土地复垦和矿业遗产保护法律法规尚不健全

土地复垦是一项涉及多种研究领域、多个单位配合和多项制度结合的综合性工作。我国虽然开展了大量矿业废弃地生态恢复研究，也建立了相应的法律法规，但从实践上看，执行力度尚不是很理想，尚未形成协调统一的法律法规，管理体制和技术措施仍需加强完善。由于土地复垦的主要负责部门为国土资源部，而国土资源部的主要职能是保证全国耕地面积不减少，因此其颁布的矿业废弃地相关规定都以优先复垦为耕地为主。以《土地复垦条例实施办法》为例，虽然指出土地复垦应综合考虑复垦后的社会、经济和生态效益，但有条件复垦为耕地的，仍优先考虑耕地。这导致矿业废弃地土地复垦偏重于生产性功能，忽略生活性和生态性功能，以农业经济收益为主要再利用目标。

除土地复垦类法律法规以外，矿业遗产保护法律法规的缺位是导致许多珍贵的矿业遗产在城市发展中悄然消失的重要原因。我国存在大量的矿业类工业遗产，是中国矿业发展的缩影，是构成矿业工业文化不可缺少的部分。然而，目前我国的矿业遗产保护再利用尚未引起公众和研究者的有效重视，矿业遗产在城镇发展中容易被遗忘。发展和完善矿业遗产保护法律法规，是防止矿业遗产被拆改、损毁或破坏的有效手段。

值得庆幸的是，近几年我国的矿业遗产保护工作取得了较大进展。2018 年 1 月，工业和信息化部公布了第一批中国工业遗产保护名录[1]，100 个重点建设项目中，16 个为矿业类工业遗产（表 2.6）。但是，中国的矿业遗产保护法律法规建设仍然任重道远。

---

1 引自 2018 年 1 月中国科学技术协会和中国城市规划学会颁布的《中国工业遗产保护名录（第一批）》。

表 2.6　矿业类工业遗产名录

Tab. 2.6　Catalog of mining industry heritage

序号	名称	始建年代	所在地	序号	名称	始建年代	所在地
1	开滦煤矿	1878	河北省唐山市	9	中福煤矿	1902	河南省焦作市
2	中兴煤矿	1878	山东省枣庄市	10	本溪湖煤铁公司	1905	辽宁省本溪市
3	大冶铁矿	1890	湖北省黄石市	11	大同煤矿	1907	山西省大同市
4	水口山铅锌矿	1896	湖南省常宁市	12	阜新煤矿	1953	辽宁省阜新市
5	萍乡煤矿	1898	湖南省萍乡市	13	苗栗油矿	1877	台湾省苗栗县
6	坊子炭矿	1901	山东省潍坊市	14	延长油矿	1907	陕西省延长县
7	抚顺煤矿	1901	辽宁省抚顺市	15	独山子油矿	1909	新疆克拉玛依市
8	玉门油矿	1938	甘肃省玉门市	16	大庆油田	1959	黑龙江省大庆市

来源：根据《中国工业遗产保护名录（第一批）》整理

（2）再生利用模式缺乏创造性和多元性

矿业废弃地再生应考虑生态治理、商业、居住、公园、绿地和广场等多种置换模式，但是目前我国矿业废弃地再生利用呈现单一化的态势，多聚焦土地复垦和生态利用，较少关注其他再生利用模式。基于土地复垦法律法规，我国矿业废弃地再生利用实践多是将其置换为农业、林业、渔业等生产性用地，导致矿业废弃地再生利用以“大批量生产”的土地复垦模式为主，存在改造模式单一、效益低下、系统脆弱抗逆性较差等问题。再生利用缺乏创造性和多元性，也容易导致城市景观环境单一匮乏。即使部分矿业废弃地置换为商业、居住等功能模式，但实践中以推倒重建、用于房地产开发为主，有效利用废旧工业建筑，并加以改造修缮的案例并不多见。

（3）再生利用不够重视景观生态效应

矿业废弃地打破了场地原有的生态系统状态，新的矿业废弃地再生行为势必也会对周边的水生态环境、生物多样性、植被、土壤、大气产生影响。然而，矿业废弃地再生着重于经济效益和社会效益的提升，容易忽视周边生态环境和景观格局，存在再生利用不够重视生态系统重塑和景观设计的问题。例如，现有矿业废弃地研究较少从生态网络重塑、绿色基础设施格局构建的角度考虑再生利用。再加上缺乏相关理论和技术指导，这种再生利用行为无疑不利于生态环境的保护。景观生态建设不仅是绿化，不适当的再生利用方式、方法和措施也会对城市景观和生态系统产生负面影响。景观生态学对矿业废弃地景观生态再生具有一定的指导作用，我国部分学者也已经尝试在矿业废弃地再生过程中融入景观生态学的规划设计方法，并起到了较好的作用，但整体来看，这些研究仍待加强。

（4）再生利用未能融入城市存量更新规划体系

矿业废弃地与城市的区位关系包括城区型、近郊型和飞地型三种（图 2.8）。据统计，飞地型矿业废弃地占上述三类比重最高，近郊型次之。这导致部分矿业废弃地远离城市内城核心区，再生利用未能纳入城市总体规划范围内，城市总体设计缺乏对矿业废弃地的深层思考。另一方面，由于综合性城市的转型更新活动面临的对象更加复杂，城市规划更多关注的是旧城区、旧工业区的转型更新，矿业废弃地虽然是工业用地的一种，却由于土地修复时间长、再利用成本高、经济回报周期长、生态恢复治理难度大、改造周期不确定等原因而难于利用，容易被城市转型更新规划忽略。另外，矿业废弃地规划理论研究和实践方法总结尚待深入也是造成其再生利用未能融入城市规划的原因。现有研究多集中在矿业废弃地复垦利用专项规划领

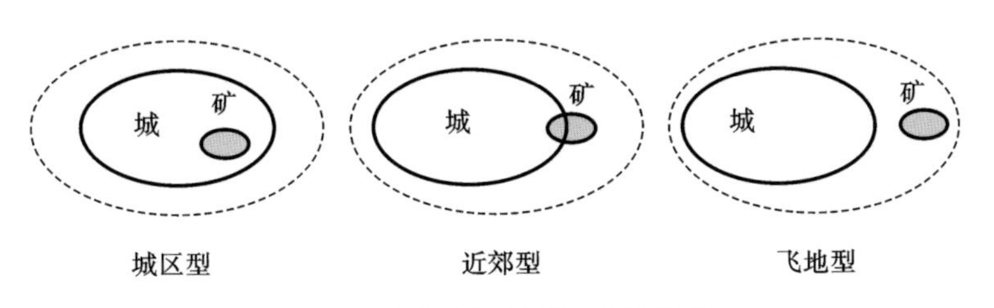

图 2.8　矿业废弃地与城市区位关系

Fig. 2.8　Positional relation between abandoned mine land and city

域，以使土地恢复到可供利用状态为目标，而与城市规划设计相融合的矿业废弃地再生利用规划体系研究较少。

任何问题的出现都不是毫无联系的偶然现象。上述四个问题的背后，是整体观的缺失。中国的矿业废弃地再生利用实践多从单个地块的生态平衡着手，更多关注的是“眼前问题”，缺乏对矿业废弃地系统性、整体性的实践，缺乏矿业废弃地再生与城市整体之间的关联性和互动性，导致再生利用碎片化严重，甚至部分矿业废弃地成为独立于城市功能与空间之外的“创可贴”。矿业废弃地再生利用既需要跟随城市整体转型更新定位，整合到城市更新规划中进行统一部署，从城市发展中攫取矿业废弃地再生利用的途径，也需要落实到每个地块中，使其成为新时期中国土地利用方式转变和城镇发展转型升级的重要支撑。

2.3 再生应对策略和规划必要性

2.3.1 应对策略

城市的进一步发展亟须摆脱矿业废弃地带来的系列问题。矿业废弃地作为城市未来有机组团的局部，既需要被城市功能组团所吸纳，顺应城市发展，也需要以更主动的姿态加入城市整体的功能与空间组织当中，与城市其他功能进行有机交换。矿业废弃地属于存量土地，再生利用应参考存量土地利用策略，以问题为导向，通过对现状的梳理，结合政府相关政策规定，以基于整体观的规划理念和具体的实施方案，对矿业废弃地进行再生利用（图 2.9）。

其中，问题导向是指结合前文提出的矿业废弃地再生驱动机制、影响因素和存在的主要问题，对矿业废弃地再生利用和城市发展出现的具体问题进行现状解析，寻找矿业废弃地系统存在的主要问题，以便开展针对性的研究。政策引导是指从国家层面（宏观）、城市层面（中观）以及场地层面（微观）对相关的法律法规、政策、规划和规范进行分析，挖掘国家、城市和地块的再生需求，以便从全局把控矿业废弃地再生利用方向。例如，国家层面主要指国民经济和社会发展相关规划和实施办法，城市层面主要指城市总体规划和城市各专项规划，相关规范即国家出台的各项质量控制标准和设计规范。问题导向和政策引导是提出相应再生策略和规划方案的前提。明确主要问题和政策导向后，确定矿业废弃地再生目标，并基于整体观的专项规划引导，有针对性地进行具体方案设计，确保矿业废弃地再生得到有效实施和落地。

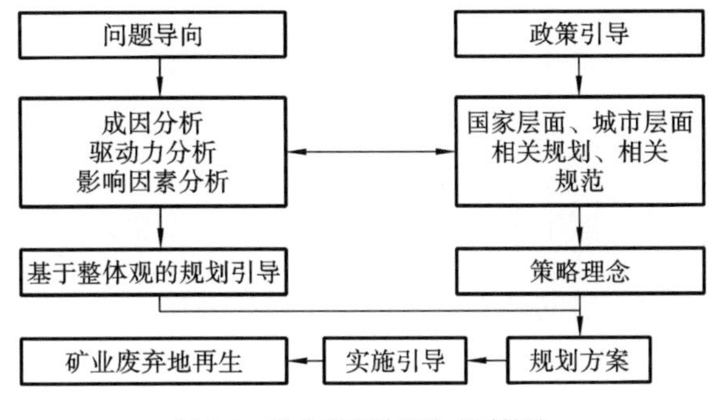

图 2.9 矿业废弃地再生应对策略

Fig. 2.9 AML regeneration strategy

2.3.2 规划必要性

合理规划是矿业废弃地再生策略的核心内容。矿业废弃地再生规划是在土地复垦基础上，基于整体观与城市发展相结合的，聚焦矿业废弃地群的最有效有段。具体而言，矿业废弃地再生规划具有如下必要性。

（1）再生规划是矿业废弃地融入现有城市规划体系的必然要求

矿业废弃地再生规划为将矿业废弃地融入现有城市存量更新规划体系提供思路

和途径。转型是城市适应外部环境变化和解决自身矛盾问题的发力点，存量更新是解决转型期城市空间资源利用低效、土地资源有限、基础设施不完善等问题的有效手段。目前，我国城市存量更新的研究多以旧工业区、旧商业区和旧住宅区为研究对象，主要涉及旧城更新与改造规划、环境综合整治规划、交通改善和基础设施提升规划、历史街区和风貌保护规划、产业升级与园区整合规划、土地整备与拆迁安置规划等。从中可以发现，城市存量更新规划和矿业废弃地再生存在着一定的关联性。以最新的城市发展理念为参照，从宏观上构建矿业废弃地再生规划体系，是确保矿业废弃地融入现有城市规划体系的必然要求。

（2）规划先行是整体性再生思想的技术保证

整体观是矿业废弃地再生的重要思想。整体观就是将多个相互联系的矿业废弃地作为研究对象，将孤立散存的点状和片状斑块转化为网状系统，从全局的角度研究矿业废弃地再生，优化城市土地利用结构、提高城市整体空间布局、改善人居环境质量和提高再生利用效益的技术方法，这也是矿业废弃地再生规划的重要目标。矿业废弃地再生规划是综合性、全局性、战略性的发展蓝图，再生规划通过对城市建设进行科学布局、统筹安排和综合性部署，从城市空间资源整体调控和布局的角度出发，引导城市未来发展方向，为将矿业废弃地融入城市整体发展中起到不可替代的作用。

（3）矿业废弃地再生规划是提高景观生态效应的有效手段

景观生态格局属于大尺度规划，提高景观生态效应需要从整体的角度进行景观格局整合配置。矿业废弃地给城市带来功能衰退、生态环境降级、形象及综合竞争力下降等问题，且矿业废弃地再生面临的法律法规因素、市场化因素和自身不确定性因素尤为突出，矿业废弃地再生规划为从区域尺度反映景观格局和生态过程提供方法途径。近年来，景观生态学理论、生态城市理论、景观都市主义思想，以及绿色基础设施理论等，为将矿业废弃地再生利用和城市生态可持续发展相联系提供了新的思路。在与生态城市建设相关理论的指导下，挖潜矿业废弃地地方性生态特征，追求资源可持续利用，因地制宜地开展生态环境修复治理，提升矿业废弃地景观生态效益和城市生态系统水平，是提高矿业废弃地所在城市人居环境竞争力和生命力的有效手段。

（4）矿业废弃地再生规划可以丰富再生利用模式，提高再生利用效率

"城市兴亡过程中的'物竞天择'，很大程度上取决于制度的优劣"，新的制度环境可以让大量矿业废弃地成为城市未来发展动力。用地性质重新确定和新的功能组合植入是再生规划的主要内容。在矿业废弃地的重新规划布局中，通过对矿业废弃地再生利用多元模式的引导，强调矿业废弃地的多功能用途，关注矿业废弃地新的功能模式对所在城市发展的影响，可以丰富矿业废弃地再生利用模式、有效提高再生利用效率。

（5）矿业废弃地再生规划可以一定程度上弥补法律法规的缺位

我国矿业废弃地土地复垦和矿业遗产保护法律法规尚不健全，相关法律法规、管理体制和技术措施仍需加强完善。法律法规是行为的规划系统，而规划是对行为的导控和调节，一定程度上规划可以弥补法律法规缺失的现状。首先，规划具有一定的强制执行性，是城市未来发展的依据和基础。其次，规划具有政策性，属于公共政策的一种，而政策来自于政府的参与，是政府制定的行政程序的具体化表现。最后，规划具有约束性，是有效管理和协调城市空间布局、改善人居环境、促进城市可持续发展的途径。因此，矿业废弃地再生规划可以在一定程度上弥补法律法规的缺位。

综上，城市的进一步发展需要摆脱矿业废弃地对城市的种种制约，矿业废弃地再生规划是矿业废弃地融入现有城市存量规划的必然要求，是整体性再生思想的技术保证，可以一定程度上丰富再生利用模式、提高再生利用效率和景观生态效应，弥补法律法规的缺位。然而，矿业废弃地作为一类特殊的工业用地，分布范围广、

修复难度大、地质条件复杂、前期投入资金高，在规划内容和土地利用模式上具有一定的特殊性，需要在汲取其他类型土地城市存量更新经验的基础上，探索适合矿业废弃地的再生规划。同时，矿业废弃地再生规划也需要恰当的城市规划理念加以指导。

3 “城市双修”理念研究

- 相关基础理论
- “城市双修”理念与运用
- “城市双修”理念下矿业废弃地再生规划原则
- “城市双修”理念下矿业废弃地再生规划策略

3

3.1 相关基础理论

转型与更新伴随着城市发展的整个过程，从城市诞生之日起便已存在。纵观世界各国城市发展历程，就是一部城市更新历史。改革开放以来，中国经历了世界上规模最大、速度最快的城镇化进程，快速发展的同时也带来了一系列城市问题。“城市双修”，即生态修复、城市修补，是针对当代城市内部环境品质下降、基础设施建设粗糙、老城区缺乏活力、空间发展无序等城市发展问题，提出的具有中国特色的城市更新理念。2016 年 12 月，住房和城乡建设部在《关于加强生态修复城市修补工作的指导意见（征求意见稿）》中，对“城市双修”做出定义，即：“用再生态的理念，修复城市中被破坏的自然环境和地形地貌，改善生态环境质量；用更新织补的理念，拆除违章建筑，修复城市设施、空间环境、景观风貌，提升城市特色和活力”。目前，“城市双修”理念成为引导新时期中国城市转型更新的重要理念，是中国城市发展发生战略性转变的重要标志。

自“城市双修”理念提出以来，三亚作为全国首个试点城市，对城市发展进程中出现的“城市病”进行了综合整治和修复，提出了修复山体、水体和绿地，修补城市功能与形态、轮廓天际线、广告牌匾、建筑色彩风貌、绿地空间及夜景亮化等内容。随后，北京、常州、黄石等城市也相继开展了“城市双修”理念相关规划编制，从矿山治理、基础设施改造、特色风貌塑造、城市路网修补等角度开展了针对性的研究，进行了“城市双修”理念的实践。学术研究上，有学者从生态修复的角度探讨“城市双修”理念的规划策略，也有学者从“城市修补”的视角探讨“城市双修”理念的内容和内涵[5]，也有二者结合的研究[6]。然而，多数学者是将生态修复和城市修补分开讨论的。

“城市双修”理念的本质是存量规划，是融合生态修复、城市更新、城市复兴等多种理念的当代城市规划思想。本书认为，“城市双修”理念是在吸收精明增长理论、土地集约利用理论、生态城市理论、景观生态学理论、拼贴城市理论以及城市触媒理论等理论的基础上，发展出的全面、综合的理论体系和发展策略。本节通过梳理与“城市双修”理念相关的系列理论，比较各个理论的优点和不足，以期厘清“城市双修”理念的先进性和必要性，为开展矿业废弃地再生规划理论研究奠定基础，具体如下。

（1）精明增长理论

20 世纪 90 年代末，美国许多率先进入城市化的城市开始出现郊区化、无序蔓延的发展态势：城市中心土地开发密度不高，大量工业废弃地、空地闲置；土地使用功能单一，长通勤距离成为出行常态；城市建设随意向周边扩散，肆意吞噬周边农田、林地；城市空间形态松散，出现点多、线长、面广的空间模式。精明增长（smart growth）理论[7]正是针对“城市蔓延”（urban sprawl）这一现象提出，最初由环境专家和规划师所倡导。

精明增长理论的核心内容可以总结如下：①优化城市存量空间，城市建设由“增量扩展”向“存量优化”转型；②合理利用遗留工业废弃地等闲置空地，将受污染的土地转变为能够安全居住、使用的土地，提高公共服务利用效率，提升公共空间质量；③保护农田、水体、林地等生态敏感区，城市发展不以牺牲生态环境为代价；④城市建设相对集中，提倡紧凑式土地利用模式，避免“蛙跳式”发展；⑤提倡混合式土地利用方式，引导多功能型社区建设，将土地利用与公共交通建设联系起来，便于居民步行或骑行到达，降低基础设施承载压力。

基于精明增长理论，城市增长边界（urban growth boundary）、经济适用房（affordable house）、收缩城市（shrinking city）、TOD（transit oriented development）公共交通引导开发发展模式、棕地再利用（brownfield redevelopment）等研究也得到广泛重视。Andres Duany 等在《精明增长手册》[8]中从区域（region）—邻里（neighborhood）—街道（street）—建筑（building）

四个层次详细列举了精明增长的设计原则，提出城市的横断面应当包括自然—农村地区—郊区—城区—城市中心—城市核心六个模式。不同模式之间，采取的交通连接、景观、建筑设计、人行道组织等也应有所不同，通过连贯性的组织布局，从而使该模式能按设计意图有效运行。

总之，精明增长理论是一种应对城市无序扩张，倡导连续、紧凑、集中、高效的城市建设思想的理论，其通过对城市扩展的总量、结构、时序、位置等进行引导和约束，以及对混合式土地利用方式的倡导，实现城市—郊区—农村整体规划与再开发以及对城市边界的控制，是现代城市更新规划的重要理论基础之一。精明增长理论更多强调的是城市土地利用层面的整体调控，以及场地内部功能布局的多样性，而矿业废弃地再生还涉及生态修复以及景观格局重构等问题，因此，还需要引入其他理论进行补充和完善。

（2）土地集约利用理论

土地集约利用，是一种以土地经济学、系统控制论、地学、生态学等为理论基础，倡导节约土地资源、提高土地利用效率，通过增加前期投入和合理有序的土地功能置换，以提高土地经济回报率的土地利用方式。土地集约利用概念最初源自古典经济学家（例如李嘉图、杜尔哥、维斯特等）在报酬递减规律中对农业用地的研究[9]，以研究土地资源成本与产出关系为主要内容。土地集约利用的目标在于分析城市土地在功能上的特性及土地利用现状的发展趋势，通过政策及规划等手段引导，实现土地利用效率的最大化和可持续利用，以及经济效益、社会效益和生态效益的统一协调。

20 世纪 90 年代以来，中国城镇化发展迅猛，2002—2006 年工业用途用地供给比例超过总量的 40%。过高的土地供给量加剧了工业用地和耕地保护之间的矛盾，工业用地集约利用成为中国城镇发展急需解决的问题（图 3.1）。矿业废弃地作为一类特殊的工业用地，对矿业用地的利用、破坏和修复需要经过相当长的时间，是土地资源受损毁最严重和修复难度最高的区域之一。针对矿业废弃地土地利用粗放、缺乏规划和调控、土地资源破坏严重、复垦效率有待提高等问题，参考温靓靓等[10]对矿区土地集约利用的定义，矿业废弃地土地集约利用内涵可以理解为：以合理布局、土地结构优化和循环发展为前提，在符合土地利用规划和矿区生产规划的基础上，通过加强对矿业废弃地的监督与整治，降低土地破坏程度，恢复土地使用价值，以达到矿业废弃地经济效益、社会效益和生态效益的最大化。

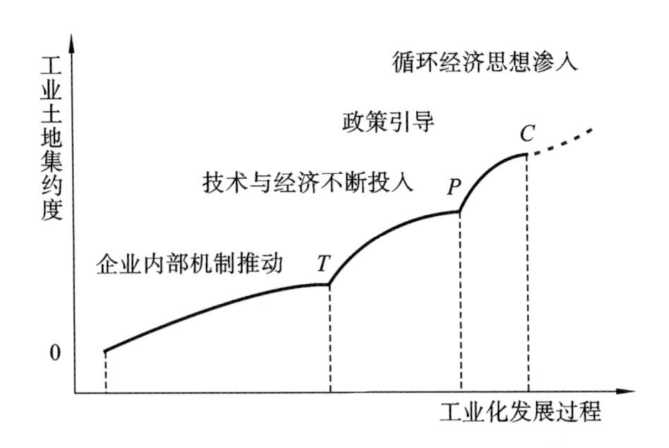

图 3.1 工业化过程中工业土地集约度变化[6]

Fig. 3.1 Trend of intensive degree of industrial land during the process of industrialization

土地集约利用理论从经济发展的视角补充了精明增长理论对土地利用整体方向的把控，为矿业废弃地再生规划提供了应对思路及解决办法，尤其强调了增加前期投入、提高土地开发强度以及促进土地功能升级是提高矿业废弃地土地经济价值的重要途径，也是矿业废弃地实现其他社会价值和生态价值等的前提条件。然而，景观生态修复问题是矿业废弃地再生利用的重要组成部分，但并不是土地集约利用理论讨论的重点。

（3）生态城市理论

1987 年，布伦特兰的《我们共同的未来》报告中第一次提出可持续发展概念，呼吁国际社会关注经济发展和生态环境矛盾的问题。此后，生态环境和可持续发展得到了世界各国的极大重视。在建筑和规划领域，建筑师和规划师们[11]一致认为，当代城市面临的历史空间条件已经发生根本性改变，纯粹的未经破坏的自然已不复存在。正如哈佛大学理查德·弗曼（Richard Forman）教授在土地嵌合理论（land mosaics）中所描述的那样，当代城市与自然已经在空间上和时间上密切交织，是一种“第二自然”情景。基于可持续发展理念，应用生态策略构建新的城市肌理和景观系统是当代城市的发展趋势。近年来，国内外兴起了一大批与生态城市规划设计相关的理论，如可持续发展城市、生态城市、绿色城市、收缩城市、海绵城市等，为从不同角度发展生态城市规划奠定基础。

生态城市理论（ecological urbanism）融合了可持续社会需求论、生态效率论和生态系统相容论（图 3.2），试图通过设计的介入（design as an ecological intervention）在城市空间结构中营造人工的生态空间形态，改变生态系统流动方式，减少人类生活对生态环境的干扰，实现人与自然的和谐相处。对比于现代城市主义提倡的“功能决定形式”，生态城市理论倡导的是“流动生成形式”[12]。例如，弗曼对比了自然生态过程催化出的自然空间模式，以及人为规划所形成的空间模式，前者是流动的、多曲线的，而后者则是规整的、直线的形式（图 3.3）。具体而言，生态城市规划设计包括对能源、水文、生物，以及其他地面物质流动、交通流动甚至信息流动的设计。通过设计和巧妙的整体安排创造不同系统之间的兼容性，运用生态流动来穿透自然、城市与产业三种系统，让城市系统与自然生态系统产生完整

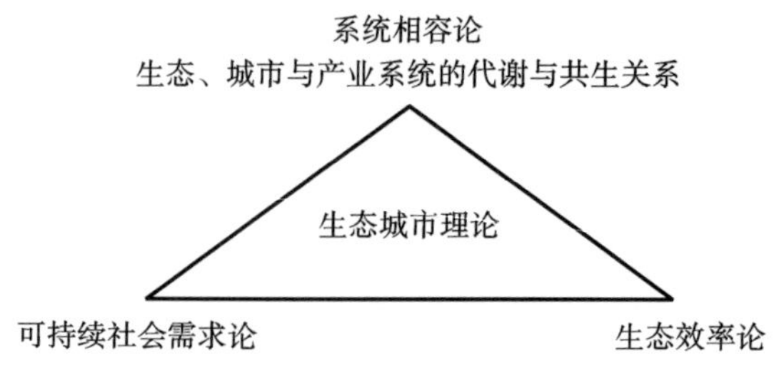

图 3.2 生态城市理论框架

Fig. 3.2 Framework of Ecological Urbanism

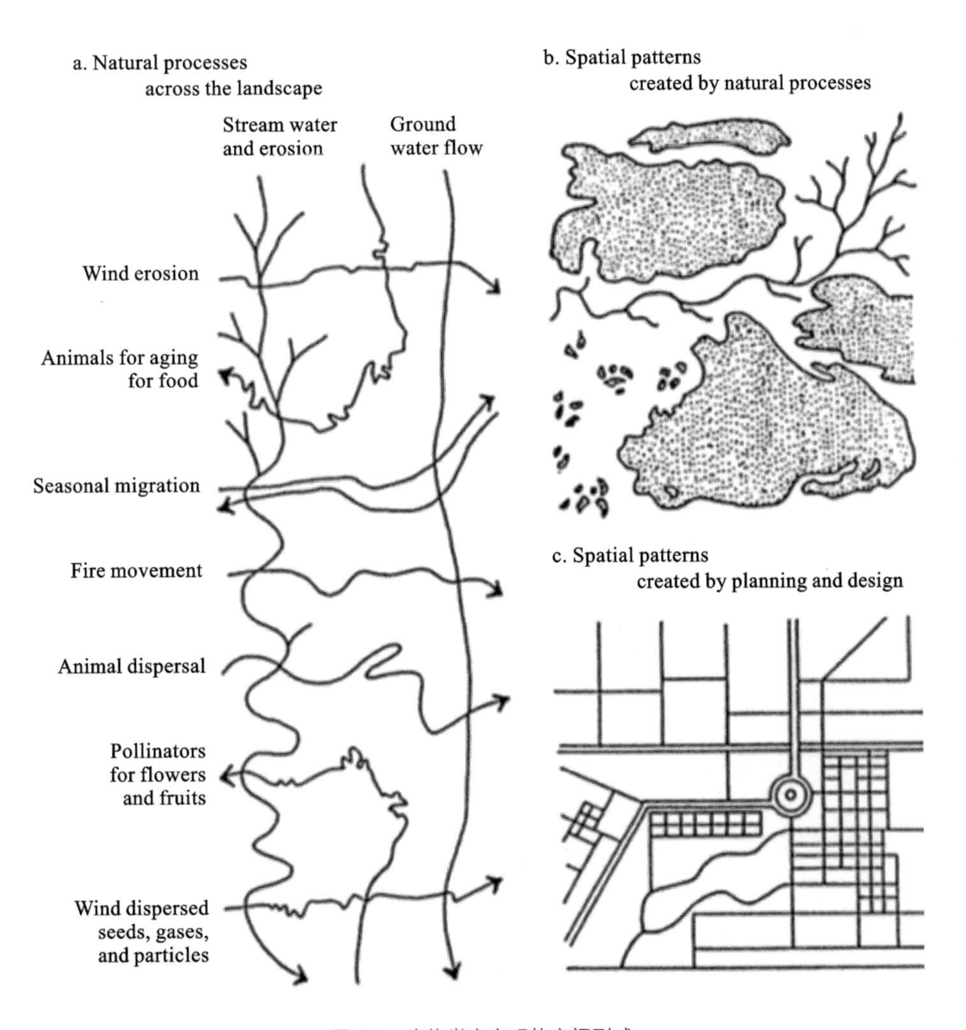

图 3.3 生物学家直观的空间形式

Fig. 3.3 The visual spatial form of biologists

的绿色联系网络。

综上，生态城市理论倡导通过设计的手段，使用生态策略（例如近似自然的曲线）改变城市生态系统的流动方式，引导城市空间规划，是王如松等提出的“社会-经济-自然复合生态系统”理论在城市规划领域的具体体现，对在城市整体调控尺度和场地具体设计尺度引导矿业废弃地再生规划均具有积极的引导作用。然而，生态城市理论多用于新区开发，如何应用到矿业废弃地这类存量土地更新中，仍需要进一步研究和探讨。

（4）景观生态学理论

景观生态学（landscape ecology）起源于 20 世纪 30 年代，最早由德国地理学专家 Troll 创造并使用，并在 20 世纪 80 年代传入北美地区的新兴地理生态交叉学科。最初 Troll 基于整体论和人文思想，将其定义为研究大尺度格局生物群落关系的学科 [13]。到 1968 年，Troll 进一步将其定义为研究特定区域内生物群落与其周边环境复杂关系的学科。具体而言，生物群落与周边环境的复杂关系包括区域分布上呈现的空间格局和自然地理分布上呈现的等级结构。这一时期，欧洲的景观生态学理论成功地将地理学与生态学结合在一起，又有别于传统生态学。景观生态学研究的空间尺度更大，着重强调空间格局的异质性和等级结构，同时也注重局域尺度和人文活动对生态系统的影响。

当景观生态学传到北美地区时，研究重心集中在了景观格局与生态学结合的方法，并没有将社会、经济、文化等人文要素纳入景观生态系统范畴。1986 年，哈佛大学理查德・弗曼教授在其论著《景观生态学》[14] 中提出了“斑块（patch）—廊道（corridor）—基底（matrix）”三个景观单元层次，为从时间和空间上描述景观格局变化提供了一种便捷的“空间语言”。综合欧美研究成果，Wu 等 [15] 将景观生态学定义分为两个方面，一是研究空间格局与生态系统的相互关系，二是研究空间格局与社会经济系统的相互关系，是一门跨学科融合的前沿科学。

空间异质性是景观生态学的研究核心，是指某一尺度下研究对象的生态学过程和格局在空间分布上的不均匀性及其复杂性，包括空间斑块性和空间梯度两个方面。空间格局分析方法可以用来分析景观系统特征和空间配置关系，是研究空间异质性和景观格局的常用方法，主要包括景观格局指数方法和空间统计学方法两种研究手段（图 3.4）。

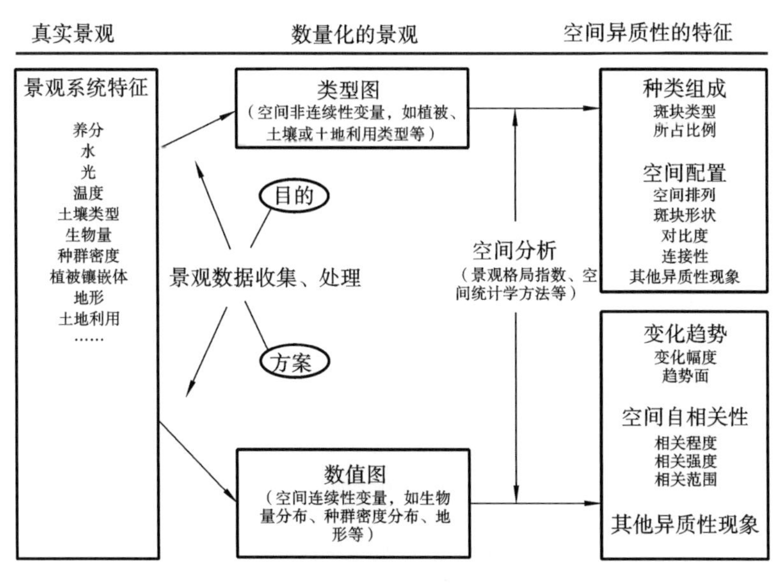

图 3.4　空间格局分析示意图 [13]

Fig. 3.4　Analysis framework of landscape pattern

目前，已经有学者尝试将景观生态学理论引入矿业废弃地再生利用中。这些学者认为矿业废弃地生态系统虽遭到持续破坏，但仍具有一定的生态潜力，甚至是部分生物群落的理想栖息场所 [16]。基于景观生态学理论构建矿业废弃地景观生态格局，为从时间和空间维度确定矿业废弃地再生规划目标、生态修复方案和再开发时序提供科学依据。

（5）“拼贴城市”理论

“拼贴城市”理论最初由美国建筑师柯林·罗（Colin Rowe）等在论著《拼贴城市》（*Collage City*）中提出，是当代城市更新领域的经典学术理论。20 世纪 80 年代，正值美国以功能主义和极简主义为代表的大规模推倒重建的城市开发模式大范围盛行，针对这一现象，柯林·罗等认为，城市应该由过去、现在和未来拼贴而成，是复杂并且多元的“历史记忆积淀合力的整体”[17]。在城市更新中，应避免洁癖式的、缺乏复杂性和多元性的城市审美，应倡导相对独立的、具有一定历史文脉传承的城市更新方式。简·雅各布斯（Jane Jacobs）在她著名的《美国大城市的死与生》

中也指出，多样性是城市的天性，而不同时期的旧建筑，是维护城市多样性的重要方式之一。

图底法（figure-ground method）是描述“拼贴城市”形态的主要方法，它通过对现状建筑和历史建筑进行无差异的抽象、提取和拼贴，能够帮助研究者迅速厘清图形关系，从而分析建筑实体与城市空间的关系，进一步挖掘城市形态规律（图3.5）。“拼贴城市”是尊重自然生态系统的城市更新模式。

图 3.5　2007 北京大栅栏地区的图底关系

Fig. 3.5　Face bottom relation in Beijing ,2007

来源：百度地图

对于矿业废弃地而言，“拼贴城市”理论倡导的多元性、多尺度化，以及对本土文脉的保护，值得矿业废弃地再生规划借鉴。矿业废弃地内部的建筑与构筑物构成“图”，周边的自然生态环境以及周边城市空间就是“底”，是矿业废弃地再生的生命支撑系统。“图”和“底”之间的耦合关系决定了矿业废弃地再生的科学性与经济性，是矿业废弃地再生规划的重要依据。

（6）“城市触媒”理论

“触媒（catalyst）”，也称“催化剂”，概念最初来源于化学，是指“通过小剂量使用而改变、加快化学反应速率，且自身不被消耗”的物质。“触媒效应”强调对周边环境的激发作用，被广泛应用到社会学、经济学和数学等领域。

20 世纪 80 年代末，美国学者韦恩·奥图（Wayne Attoe）和唐·洛干（Donn Logan）在论著《美国都市建筑——城市设计的触媒》中，将触媒理论应用在了城市更新中，并提出“城市触媒理论”。韦恩·奥图和唐·洛干认为，仅考虑个体价值的设计是不够的，城市设计应既能融合现有元素，又能指引未来元素，实现可持续的、有策略的、渐进式的空间演变。这是一种由点及面的城市更新方式。

城市触媒，是能够给城市发展带来正面影响，并可以引发后续链式反应，可以改变或加快城市发展速度的元素。触媒“可以是某个政策文件，也可以是一个居住区、一个广场，甚至一个喷水池”，是含义宽泛的城市开发活动[18]。值得指出的是，城市触媒的作用不一定都是积极的，因此，需要经过策略的引导，以实现对城市的正面影响。触媒有等级之分，触媒等级越高，对周边环境的激发作用就越强烈。同时，触媒的作用力与空间距离也成正比，距离越近，激发作用效果就越强烈（图 3.6）。

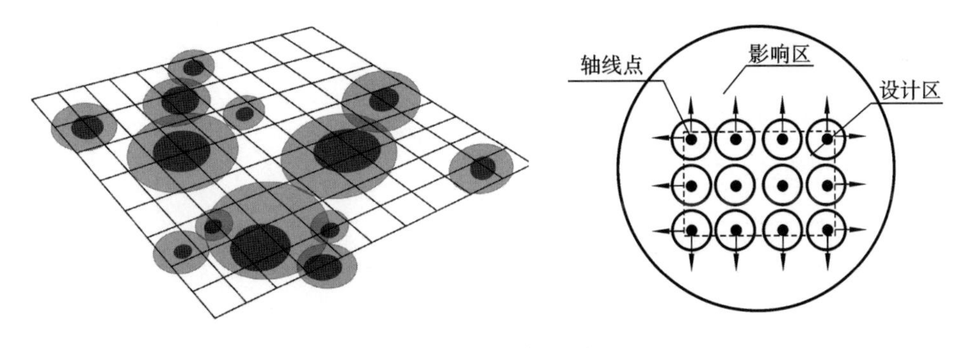

图 3.6 “城市触媒”示意图

Fig. 3.6 Diagrammatic sketch of urban catalysts

“城市触媒”理论的意义在于让管理者和规划师意识到，项目开发的目标并不限于其个体价值，更重要的是对周边环境的激发与刺激作用，促使城市得到持续、渐进的改革和发展。“触媒理论”为矿业废弃地再生规划提供了一个系统视角。矿业废弃地恰如城市“霉点”，长期的消极搁置导致“霉点”不断破败扩大，影响到周边环境的使用价值与生活质量。价值降低的周边环境又遭到新的搁置不理，形成了新的“霉点”，不断扩大的“霉点”成为城市“恶性肿瘤”，造成社会财富浪费。矿业废弃地再生可以形成城市“触媒点”，在城市“媒介”的作用下，带动周边环境，甚至其他矿业废弃地可持续再生。

总结前文相关背景理论可以得知，“城市双修”理念正是对上述理论的总结与升华，是中国特色的城市更新理念。“城市双修”理念融合了对城市生态修复和城市修补的双重要求，“城市双修”理念的提出具有时间轴上的必然性及空间轴上的必要性（图 3.7），具体如下。

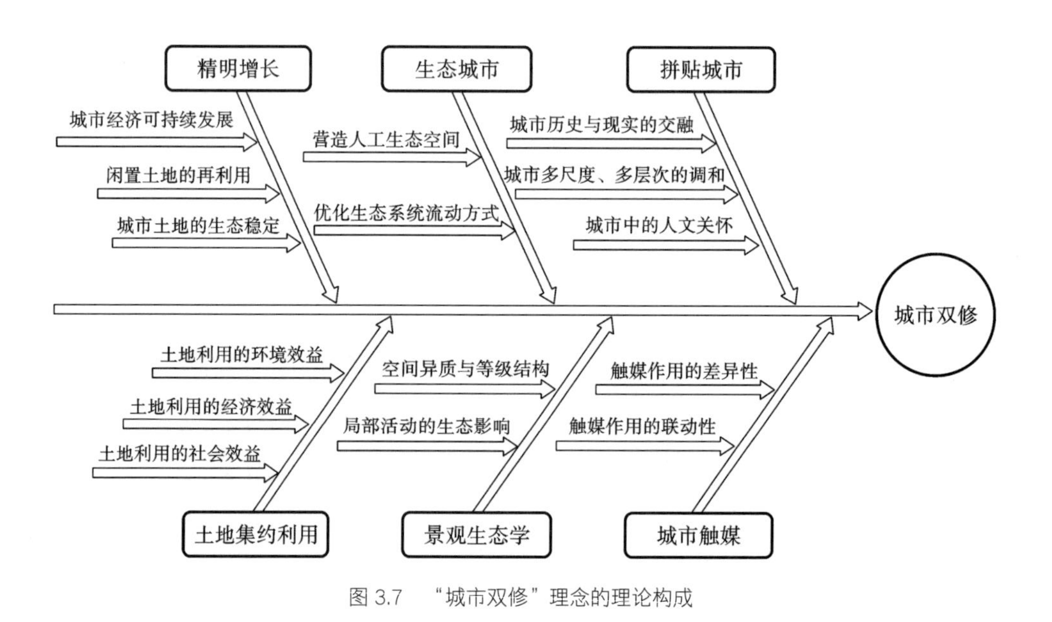

图 3.7 “城市双修”理念的理论构成

Fig. 3.7 Theoretical framework of urban renewal and ecological restoration strategy

①精明增长理论和土地集约利用理论从经济发展及土地利用政策等角度出发，要求“城市双修”理念应通过对城市扩展的总量、结构、时序、位置等进行引导和

约束，倡导连续、紧凑、集中、高效的城市建设思想，土地政策制定需以维持良好的产出投入比为前提，保持良性的经济循环。然而，景观生态修复问题是矿业废弃地再生利用的重要组成部分，是矿业废弃地再生不可分割的内容，但并不是精明增长理论和土地集约利用理论讨论的重点。

②生态城市理论与景观生态学理论从“城市—生态”合一的角度出发，将生态学等自然科学引入现代城市的规划设计中。前者提出将生态策略引入城市设计，是“社会-经济-自然复合生态系统”在城市规划领域的具体体现；后者通过对景观格局用“时间语言”和“空间语言”进行描述，表达待开发土地及其周边区域的生态环境与城市空间和可持续发展的关系。生态城市理论与景观生态学理论为将生态修复和城市修补理念融合，从时间和空间维度确定土地再生规划目标、生态修复方案和再开发时序提供科学依据。

③拼贴城市理论及城市触媒理论强调了城市更新中多元化、多尺度化，以及本土文脉的重要性。前者从城市图底关系入手，探讨城市更新中新旧建筑的关系，通过抽取不同地块的文脉元素得到相应的拼贴素材，并使其融入城市整体图底关系中，进而保持城市文脉的整体延续性；后者引入“触媒”的概念，研究城市中小尺度渐进型改造所产生的连锁反应及其对于城市文脉传承与社区活力的激发等方面所构成的影响。拼贴城市理论和城市触媒理论为“城市双修”理念中保护本土文脉，建立场地及周边环境系统整体再生的观念提供理论支撑。

上述经典理论涉及的诸多城市更新观念（例如整体观、系统观）以及城市更新途径（如利用总量控制、时序安排、功能置换等方式进行更新规划），为“城市双修”理念奠定了理论基础，也为“城市双修”理念下矿业废弃地再生规划实施提供了具体操作途径。

3.2 “城市双修”理念与运用

3.2.1 “城市双修”理念内涵

本研究所指的“城市双修”理念融合了上述经典城市更新理论，并对上述理念进行综合、提炼，丰富了“城市双修”理念中生态修复和城市修补的基本内涵。其中，生态修复是指用生态再生的理念，修复城市建设中破坏的山体、绿地、水体和遗留的各类废弃地，修复城市土地景观和地形地貌，解除城市生态安全问题，构建良好生态环境秩序，创造优良的人居环境；城市修补概念相对多元，是指用织补更新的方法，在生态修复的过程中，完善城市空间功能、基础设施条件和提高公共服务水平，有针对性地、因地制宜地塑造宜居的当代城市风貌。

“城市双修”理念中，生态修复与城市修补是相辅相成、不可分割的。生态修复的同时，也可以完成城市修补，同时进行生态修复和城市修补有利于提高“城市双修”的整体性和系统性。“城市双修”理念虽然也提倡“城市—生态系统”的合二为一，但“城市双修”理念是从对城市现状的改善和更新出发，对破败的、状态不佳的建成环境进行修葺和改造，而非开发新的生态社区，是基于存量规划的“城市—生态系统”的具体体现。

“城市双修”理念从传统存量规划出发，一方面，“城市双修”既不提倡大拆大建，也不提倡强力干涉，倡导的是小规模的、渐进式的、“由点及面”的城市更新模式。城市规划不应一蹴而就，应该通过小干扰性的针对特定问题的规划，经过时间洗礼，利用其触媒的激发作用产生连锁反应，并且需要经过几轮规划行动，而最终解决城市问题，优化城市功能格局。另一方面，“城市双修”又是一个跨学科的、更综合的、全新的城市更新理念，需要生态学、规划学、建筑学、地理学等多个学科融合配合。“城市双修”理念将生态修复和城市修补并列，将生态规划与存量规划融为一体，生态修复被提到了前所未有的高度。作为面向未来的城市规划理念，“城市双修”理念应融合定性分析与定量分析技术手段，以问题为导向，解决城市存在的问题。总之，“城市双修”理念既吸收了上述经典理论，又有别于传统城市规划，是具有中国特色的城市更新理念。

3.2.2 “城市双修”与矿业废弃地再生规划

目前，较少有关于存量用地如何进行生态规划的研究，更少有关于矿业废弃地这类存量用地如何进行生态规划的研究。有的城市存量规划虽然会将闲置工业用地等纳入规划体系，但较少关注矿业废弃地；生态修复与规划是矿业废弃地得到有效再生利用的前提，而关注生态规划的研究又多以新城开发为研究对象，矿业废弃地这类存量土地较少列入生态规划范围。因此，传统的城市规划策略对矿业废弃地再生规划略有不适。建筑学对矿业废弃地再生规划的研究以废弃工业广场改造、矿业遗产保护、旅游休憩开发为主，最具代表性的是对国家矿山公园的建设。然而，这样的开发更多的是对单个地块的开发，诚然是不够系统和整体的。生态学对矿业废弃地再生规划的研究以人工生态系统重构为主，较少关注这个人工生态系统与城市系统的耦合关系，因此，对矿业废弃地再生规划也是不全面的。

矿业废弃地再生规划属于存量规划问题，是以具体问题为导向的存量规划。同时，矿业废弃地存在塌陷地、沉陷区、矸石山、废弃工业广场等特殊生态本底，其再生规划涉及生态修复与城市修补，又是一项多目标、多领域的综合性研究，是基于生态修复、功能修补、空间重塑、功能置换、基础设施完善等城市发展目标的多目标规划，涉及城乡规划学、建筑学以及生态学等领域的交叉与综合。

“城市双修”理念的核心包括对存量用地的生态规划，为从多尺度、多角度构建矿业废弃地再生规划提供理论依据。“城市双修”倡导小尺度、渐进式、触媒式的城市更新模式，“双修”目标不仅针对场地本身，也包括对周边环境系统的激发与刺激，与矿业废弃地再生规划不谋而合。矿业废弃地散落于城市之中，相较于城市整体，属于相对小规模的、分散的城市用地类型。矿业废弃地再生规划不仅需要考虑场地自身的功能修补与价值激发，也需要考虑对周边环境系统，甚至城市整体的适应、融合和刺激。

矿业废弃地是城市系统不可分割的重要部分，矿业废弃地再生规划是城市实现“双修”目标的重要内容。具体而言，矿业废弃地再生规划对“城市双修”具有如下意义：

首先，矿业废弃地再生规划是实现城市精明增长、土地集约利用和“城市双修”的必然要求。闲置状态的矿业废弃地虽然土地利用效率低，但是蕴藏着丰富的景观、空间、建筑以及土地资源，通过合理的整合、挖掘，可以成为城市发展的着力点，也正是低密度的土地利用现状使得矿业废弃地可塑性强。

其次，矿业废弃地再生规划是完善城市功能，实现新、老城区之间，以及城、郊之间有效连接过渡和和谐发展的重要途径。“城市双修”倡导用织补更新的手段构建城市网络系统，促进城市转型升级，而矿业废弃地是组成城市网络系统不可或缺的部分。矿业废弃地广泛分布于城区、城市周边近郊以及远郊，通过在矿业废弃地再生过程中强化对功能的修补和设施的完善，可以提高城市人居环境质量和水平，促使矿业废弃地成为城市存量发展的重点补充区域。

最后，遵循生态修复理念进行功能改造和景观重塑，可以形成新的区域生态格局，甚至形成具有矿业特色的城市人文区域。矿业废弃地虽然存在场地自身及周边景观与经济活动混杂、环境破坏严重、基础设施落后、空间结构较为松散等问题，但是矿业废弃地亦是孕育新的发展契机的载体。矿业开采在破坏自然生态环境、形成矿业废弃地的同时，也会产生新的生态系统。例如，矿业开采会产生宝贵的矿井水资源，经过有效治理可供游憩观赏、农业灌溉等。“城市双修”倡导“城市—生态系统”的合二为一，改变矿业废弃地破碎的生态环境现状。遵循一定的生态修复理念进行生态格局和景观功能建设，恢复矿业废弃地自我恢复能力，可形成新的区域生态格局。

3.2.3 “城市双修”理念下的矿业废弃地再生规划内涵

矿业废弃地再生规划是开展“城市双修”工作的必然要求，是国家建设生态文明宜居城市，实现可持续发展的有效途径。而转变城市矿业废弃地发展方式，完善城市矿业废弃地修复治理体系，提高城市矿业废弃地治理能力，不断提升城市环境质量和人民生活质量也就成了当下城市矿业废弃地再生规划的重点目标。这不仅是将来中国城市发展建设的要求，也是建设理想化城市的要求。下文分别从生态修复和城市修补两个角度进行“城市双修”理念下矿业废弃地再生规划的具体分析。

在生态修复方面，创造优良的人居环境、实现“生态—城市系统”的合二为一，是“城市双修”的目标，也是矿业废弃地再生规划的目标。一方面，“城市双修”倡导在时间尺度和空间尺度对景观格局进行宏观的定量描述与分析，为从整体视角进行矿业废弃地再生规划提供具体操作途径。矿业废弃地再生周期长、前期投资多、开发难度大，加之矿业废弃地再生规划尚处于起步阶段，并没有得到足够的重视和广泛的实践，因此，有必要对矿业废弃地进行试探的、逐步的、有序的整体再生规划，以便逐渐适应城市转型发展。另一方面，矿业废弃地由矸石山、塌陷地、废弃工业广场等组成，这些场地大都处于损毁、闲置或未完全利用的状态，使这些受损土地的结构和功能修复到接近受干扰前的状态，尊重自然生物的多样性，以及景观文化的多样性，促使城市生态系统逐渐趋于平衡，这也是“城市双修”的基本要求。

在城市修补方面，“城市双修”要求生态修复的同时，完善城市的空间形态、功能结构、基础设施条件和提高公共服务水平，增加公共空间，有针对性地、因地制宜地开展当代城市风貌改造，为矿业废弃地指明了再生方向。中国的矿业废弃地再生多数为政府或矿业企业行为，以生态修复为主，较少和城市发展有机结合。在“城市双修”理念出现之前，也几乎没有引领矿业废弃地再生利用与城市更新进行耦合、关联的理念。而事实上，矿业废弃地及其周边环境通常也是城市空间形态、功能结构、基础设施和公共服务设施薄弱的区域，矿业废弃地再生规划有必要同时考虑改善周边人居环境，提升公共服务设施质量。以比利时 Beringen 国家矿山公园为例，进行生态修复的同时，将 60 余米高的碎石山改造成了标志性的景观元素，成为周围居民的游乐场所。矿业废弃地再生规划虽然是为了应对城市发展中的突出问题而开展，但绝不是“头痛医头、脚痛医脚”的片段式工程，而是采用综合、系统的思维，针对城市发展的阶段性特征，开展再生规划。

综上，“城市双修”视角下的矿业废弃地再生规划是指：采用适当规模、适当时序、适当功能以及适合尺度，依据周边环境及城市对矿业废弃地再生的要求，妥善处理矿业废弃地目前与未来的关系，不断提高矿业废弃地再生规划设计质量，使每一个矿业废弃地的发展达到相对完整，与周围系统有机融合，这样集无数相对完整性之和，既能促进城市的整体环境得到改善修复，又能达到城市功能、空间、形态以及基础设施完善修补的目的。矿业废弃地是城市系统的一部分，通过对矿业废弃地进行城市生态修复和功能更新织补，从局部到整体、从点到面地开展矿业废弃地再生规划，是实现场地—生态—城市再生的重要途径。开展基于“城市双修”的矿业废弃地再生规划为将矿业废弃地与周边环境系统，甚至城市系统融合提供整体研究视角和问题解决途径，是矿业废弃地再生规划的未来引领方向。

根据矿业废弃地的土地利用现状可以发现，目前的矿业废弃地再生存在明显的“碎片化”特征，而缺少科学合理的城市规划引导是产生“碎片化”的主要原因。“城市双修”导向下的矿业废弃地再生规划重点集中在对现有破碎化、片段化的矿业废弃地进行功能织补和生态修复，构建起完善的“城市—生态”网络体系，进而实现城市可持续发展。这一目标的实现就“双修”理论的结构及矿业废弃地自身在再生规划中的特殊性质进行整合研究，探索一套针对矿业废弃地再生规划的实践原则，进而勾勒出“城市双修”导向下的矿业废弃地再生规划理论框架。

3.3 “城市双修”理念下矿业废弃地再生规划原则

基于对“城市双修”视角下矿业废弃地再生规划内涵的分析，参考已有研究，本书认为，“城市双修”导向下矿业废弃地再生规划应遵循整体性、渐进式、生态优先以及文脉延续的原则，具体如下。

3.3.1 整体性原则

整体性原则是“城市双修”理念下矿业废弃地再生规划的重要思想。一方面，矿业废弃地以及矿业废弃地内部各组成要素并不是独立存在的个体，各个要素、层次之间是相互作用、相互影响的。矿业废弃地及其周边环境系统可以看作一个相互作用的有机复合体，具有一定的整体性特征。在矿业废弃地再生规划中，应认清矿业废弃地及周边环境系统的各个有机成分，探讨各个组成要素对系统整体的反馈机制，以期达到“整体大于局部之和”的效用。因此，“城市双修”理念下矿业废弃地再生规划不应以单一地块为研究对象，也不应以矿业废弃地场地自身为研究对象，而是应该将各个矿业废弃地及其周边环境视作一个有机整体。

另一方面，从城市整体的视角考虑，城市是一个有机整体，而矿业废弃地及其周边环境系统又是城市整体空间体系的一个有机部分。整体意味着连贯、完整，而非支离破碎。大量矿业废弃地的存在导致城市出现了许多破碎、松散的空间形态和城市肌理，城市生态系统的有机整体性被破坏，城市特色文化风貌也遭到割裂和破坏。采用整体性原则进行矿业废弃地再生规划，就应该将矿业废弃地视作城市不可分割的一部分，挖掘矿业废弃地与城市的相互作用关系，修补矿业废弃地破坏的城市生态、空间和功能结构，从不同尺度进行统筹规划和系统分析。通过矿业废弃地再生规划来完善城市整体空间布局和生态安全格局，织补被矿业废弃地肢解的城市肌理，进而确保城市整体的协调统一，构建城市完整连贯的山水骨架和空间形态。同时，进行矿业废弃地再生规划时，应了解矿业废弃地及其周边环境的社会、经济、文化等方面的关系，继承矿业物质历史文化文脉和非物质历史文化文脉，延续并发展整个城市的文化特色。

3.3.2 渐进式原则

渐进式原则指的是矿业废弃地再生规划需要在尊重矿业废弃地原有建筑形态、城市肌理及生态环境的基础上，逐步地、有序地、渐次地进行。吴良镛教授指出，城市更新应避免“运动式”的大拆大建，应以小规模、小尺度、循序渐进的方式开展城市更新。渐进式原则有利于根据前期规划效果的反馈，进行后期调整和改动，以保证矿业废弃地再生规划的效率和质量，是可持续发展思想的具体体现。

在实际应用中，渐进式原则体现在时间和空间两个维度。在时间上，渐进式原则强调按时序更新，先解决主要矛盾，再解决次要矛盾。按步骤更新，也有利于再生后的矿业废弃地逐渐融入周边环境，充分发挥矿业废弃地再生的联动性反应。在空间上，渐进式原则强调有侧重点地依次开展再生活动，是多角度、多层次的再生活动。为实现矿业废弃地再生中的人与建筑、人与交通、人与文化、人与社会、人与环境的平衡，渐进式原则已成为不可或缺的一步。渐进式原则既能考虑到上一阶段再生规划的结果，又注重改造后对下一阶段规划产生的影响，通过“微循环”的过程，构成了一个长久的动态循环过程。

目前，渐进式原则多用在历史文化街区或旧居住区类的城市更新中，且已经发展出了一套相对完整的更新模式和策略[19]。对于矿业废弃地再生规划，渐进式原则同样适用。在规划层面，渐进式原则的分步特性保证了矿业废弃地再生过程中有足够的空间容纳改造过程中的不确定因素，创造并保持矿业废弃地所在城市的多样性和居民需求的多元性。在建筑层面，渐进式原则为矿业废弃地建筑和景观元素的改建与重建提供指导思想，这意味着不要求全部、不一定同时、不要求一概地改变和更新，而是审时度势地进行再生利用，因为矿业废弃地及所在地区的建筑及人居环境所需要的是长期的、可持续的再生模式，而非简单的大刀阔斧一刀切式革新。

3.3.3 生态优先原则

生态健全是城市凝聚力的重要体现。“城市双修”导向下的矿业废弃地再生利用不以经济利益为主导，而是以尊重自然生物的多样性、景观文化的多样性，严格保护生态敏感区，促使城市生态系统逐渐趋于平衡为基本依据。一方面，“城市双修”以生态修复为先导，从问题出发，调查梳理城市内矿业废弃地资源现状，找出生态环境问题最突出的区域，保护和改善现有山体、水系和绿地，吸引野生动物安家栖息。修复并合理利用遗留废弃地和闲置空地，将受污染的土地转变为能够安全居住、使用的土地，根据城市设计合理进行安排利用。另一方面，生态优先原则要求矿业废弃地再生规划优先考虑生态性用地的空间架构是否合理。当土地功能置换遇到转换为其他建设用地类型和生态性用地处于相同适宜度时，优先考虑将矿业废弃地转换为生态性用地，进而实现对生态性用地的全面保护。

生态优先原则也是城市存量用地进行生态规划的前提保证，对合理、科学地开展存量用地生态规划，确保区域生态系统的整体性有着极为重要的作用。矿业废弃地拥有多种尺度的景观类型，如矸石山、粉煤灰堆、排土场等正地形，也有露天矿坑、塌陷地、沉陷区等负地形，只有在尊重景观地形复杂性的基础上，以生态修复为先导，创造适宜的生态条件，才能更好地完成其他城市建设任务。

3.3.4 文脉延续原则

西格蒙德·弗洛伊德（Sigmund Freud）曾经说过：“每个人过去的经历都存在于他的现实中。”城市也如此，每个城市都有自己独特的文化特征，地域文化对城市骨架结构、空间形态都起着决定性的作用。“城市双修”理念下的矿业废弃地再生规划过程应保护城市的矿业历史文化，突出地方特色，挖掘并传承城市的矿业文化文脉。自然环境是地域文脉的重要部分，历史是了解过去、更好地认识现在的依据，文化是人类社会发展过程中创造的精神财富和物质财富总和，通过对城市文脉的继承与延续，进而实现新的个性空间的创造。

矿业文化遗产由矿业城镇、废弃地、建筑群落、铁路、开采工具、文字记载等物质实体，以及矿业相关活动、神话故事、开采工艺等非物质文化组成，具有重要的社会、历史、文化、美学和科学价值，是工业遗产的重要类型 [20]。矿业文化遗产记录着城市的发展历程，是城市文脉的重要组成部分。其中，矿业废弃地由于是在对自然资源进行采掘和改变基础上形成的文化遗产，具有一定的景观文化独特性，是矿业文明和矿业产业文化的重要载体，经过合理再生利用可以产生新的文化景观，甚至成为城市更新的标志性地区。

同时，矿业文脉的传承有利于矿区周围居民产生社会归属感和认同感，是实现矿区可持续发展不可或缺的内容。据调查，居民通常会对居住地拥有遗产而表现出无比自豪 [21]。在矿业废弃地再生利用中保持高度敏锐的文化意识，对矿业废弃地所在城市的转型更新具有深刻意义。因此，“城市双修”视角下的矿业废弃地再生规划应以文脉延续为准则，重塑富有矿业特色的城市文化生态。

3.4 "城市双修"理念下矿业废弃地再生规划策略

3.4.1 总体规划框架与流程

"城市双修"理念是一个综合性的、涉及城市建设方方面面的规划思想，开展"城市双修"工作应因地制宜地针对不同问题制定不同的应对策略。"城市双修"理念下的矿业废弃地再生规划是在土地复垦学、城乡规划学和景观生态学等学科交叉融合之下，对城市存量规划的进一步补充和探索。本书根据"城市双修"理念内涵、矿业废弃地再生规划内涵，以及矿业废弃地再生规划基本原则，从定性分析和定量研究两方面入手，构建矿业废弃地再生规划总体框架（图 3.8）。

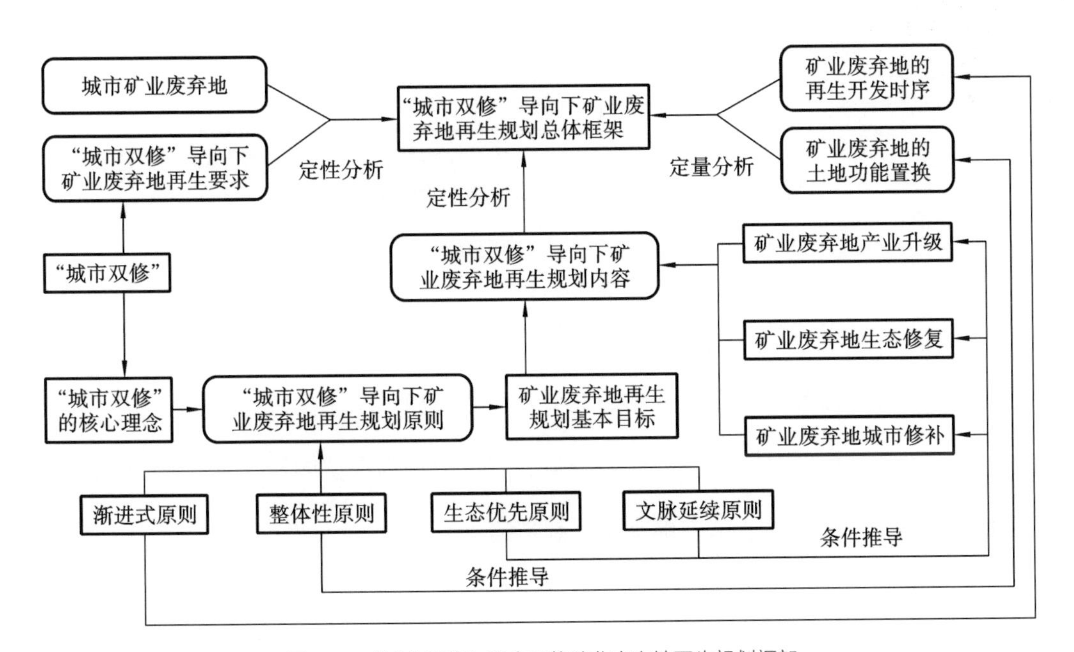

图 3.8 "城市双修"理念下的矿业废弃地再生规划框架

Fig. 3.8 Theoretical framework of urban repair of AML

具体流程如下（图 3.9）：

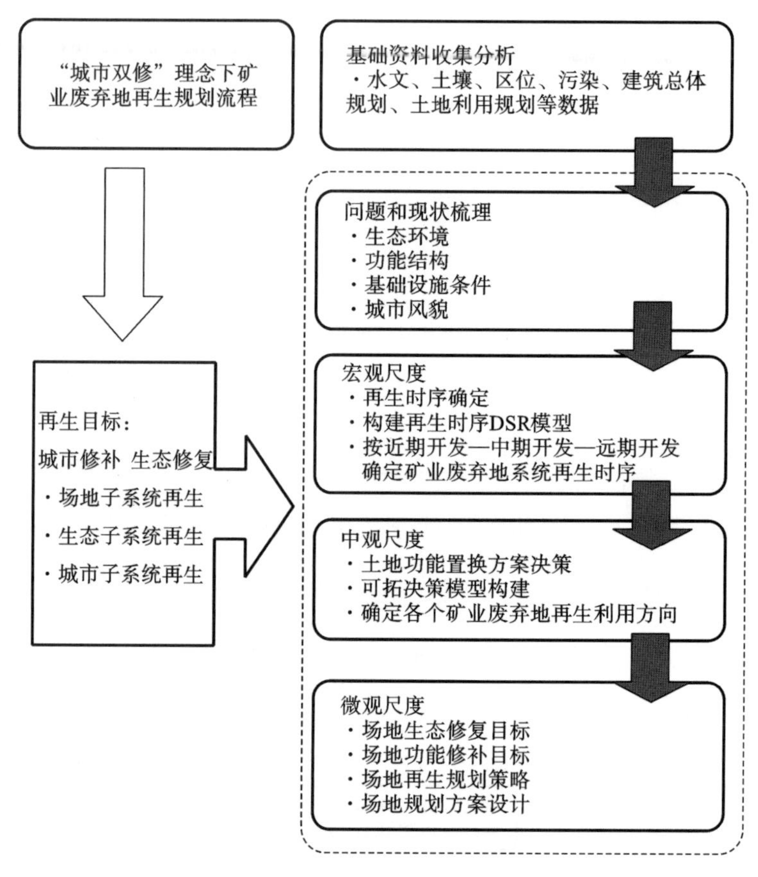

图 3.9　“城市双修”理念下矿业废弃地再生规划流程图

Fig. 3.9　Flow chart of AML regeneration plan of URERS

①针对矿业废弃地及周边环境存在的问题，从场地、生态、城市三个子系统进行拆解，确定矿业废弃地再生规划的城市修补目标和生态修复目标。

②在确定目标的基础上，以生态修复、城市修补为主要内容，从宏观—中观—微观三个层次，制定矿业废弃地再生规划策略：

a. 在宏观尺度，以各个矿业废弃地及周边环境系统为研究对象，从整体出发，根据矿业废弃地的区位重要程度、开发难易程度、生态重要程度等，采用定量分析法，构建矿业废弃地再生时序评价体系，确定再生时序，以确保矿业废弃地再生按规划渐进地、有序地进行。

b. 在中观尺度，对各个矿业废弃地及周边环境进行具体分析，采用定量分析，构建矿业废弃地土地功能置换决策模型，进行土地功能置换方案决策，确定各个矿业废弃地的最终再生方向，为具体场地设计提供指导。同时，基于土地功能置换决策结果，从城市修补和生态修复两方面，制定矿业废弃地及周边环境系统的整体规划策略，包括完善交通网络、修复水网绿网、传承矿业文化等内容。

c. 在微观尺度，进行每一个矿业废弃地的具体场地规划设计，从场地功能定位、场地规划设计和空间结构构建等，具体落实城市修补和生态修复内容，以期指导矿业废弃地再生规划实践。

综上，根据矿业废弃地再生规划流程可以得知，再生目标确定、开发时序制定、土地功能置换决策，以及具体场地设计是“城市双修”理念下矿业废弃地再生规划需要重点解决的问题。

3.4.2 规划目标

基于前文的分析，矿业废弃地再生规划的总体目标由矿业废弃地及其周边环境系统存在的核心问题与关键要素决定，由场地、生态、城市三个子系统组成。矿业废弃地再生规划的最终目的是在对矿业废弃地系统进行生态修复的同时，解决城市空间功能、基础设施条件和公共服务水平等方面存在的问题，织补城市破损肌理，最终实现以城市修补、生态修复为核心的城市整体系统的有序进化。下面，从各子系统的目标入手，分层级地进行再生规划目标的具体分析（图 3.10）。

（1）场地子系统再生目标

场地子系统是矿业废弃地及周边环境系统再生的基础，是实现其他再生规划目标的基本前提和必要条件。场地子系统的基本再生目标是：通过具体的再生规划实践，完成对生态系统的修补以及周边城市肌理的织补，实现对周边区域的经济带动和产业升级。场地子系统的再生目标可以细分为：①充分发掘矿业废弃地的建筑、构筑物、景观、土地等资源的潜在社会、经济和文化价值；②以场地为空间载体，承载矿业废弃地所在城市的产业结构优化和功能结构完善；③针对场地生态环境现状，结合地形和土地利用方向，对塌陷、滑坡、压占、污染的场地进行生态治理。

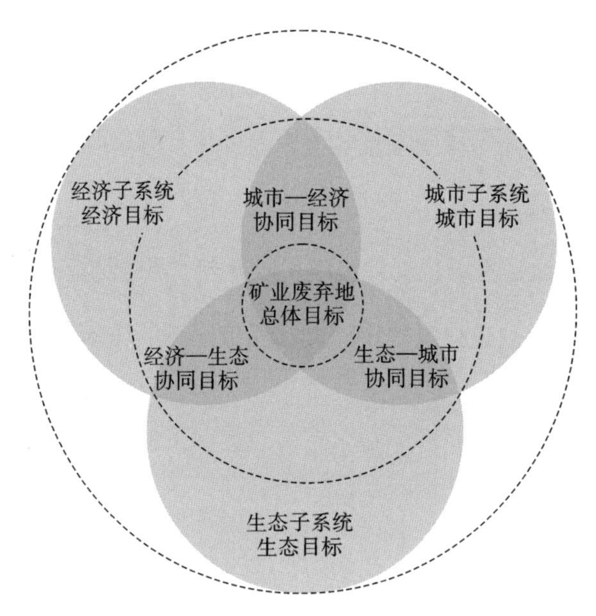

图 3.10　矿业废弃地系统再生目标层级

Fig. 3.10　Target of AML regeneration

（2）生态子系统再生目标

生态子系统是“城市双修”理念的重要内容，生态子系统的本质是为矿业废弃地及周边环境系统再生提供优质的自然生态环境。因此，矿业废弃地生态子系统的研究对象包括矿业废弃地本身以及周边环境，其再生目标是：从构建整体生态安全格局的视角出发，修补城市破碎的生态格局，吸引野生动物安家栖息，维护周边区域的相对生态稳定，解除场地潜在的污染和生态退化威胁，将受污染的土地转换为能够安全使用的土地。具体包括生态安全格局构建、绿网修复、水网修复以及植被修复等。

（3）城市子系统再生目标

城市子系统再生是“城市双修”理念的终极目标，其本质是通过场地、生态子系统的再生，实现城市功能结构修补、空间形态完善、基础设施条件和公共服务水平提高，传承矿业文化文脉，塑造宜居的当代城市风貌。城市子系统的再生目标表现了矿业废弃地的城市属性，它可以包括：①废旧工业建筑的改造再利用；②矿区道路、交通体系的完善；③矿区产业结构升级；④矿业社区文化的激发；⑤城市整体意象的提升等。

3.4.3 规划对策

大多数“城市双修”实践的研究对象是城市整体（例如三亚）或者某个街区（例如天津市李七庄街），研究对象组成复杂，生态修复与城市修补分别针对区域内不同内容展开。矿业废弃地再生规划研究对象相对单一，但是矿业废弃地再生既涉及生态修复，也需要同时考虑周边环境的修补问题，而生态修复与城市修补是相辅相成、相互影响制约的。因此，综合已有研究，本书对矿业废弃地再生规划方法进行创新，从生态修复、城市修补，以及生态修复和城市修补关系三方面入手，探讨矿业废弃地再生规划对策。

3.4.3.1 生态修复对策

矿业废弃地生态修复前期投资高、修复周期长，不同再生目标应采取不同的生态修复策略。本书认为，矿业废弃地生态修复可以由低到高分为植被基本恢复、生态系统营造以及人居环境构建三个层次。基于矿业废弃地再生规划原则和目标，可以采用面—线—点结合的方式，“着眼全局，对症下药”，构建全方位、多角度的生态修复策略。

（1）面：景观生态格局修复

整体性忠维是“城市双修”理念的最重要思想，因此，矿业废弃地的生态修复在规划层面首先需要考虑生态系统网络的修复，整合碎片化空间，消除地质安全隐患，构建景观生态安全格局，保障生态系统功能及服务。根据山形走势形成生态斑块与人工斑块有机嵌套、互为图底的空间关系，为后续植被修复和水体修复等工作设定建设边界（图 3.11）。

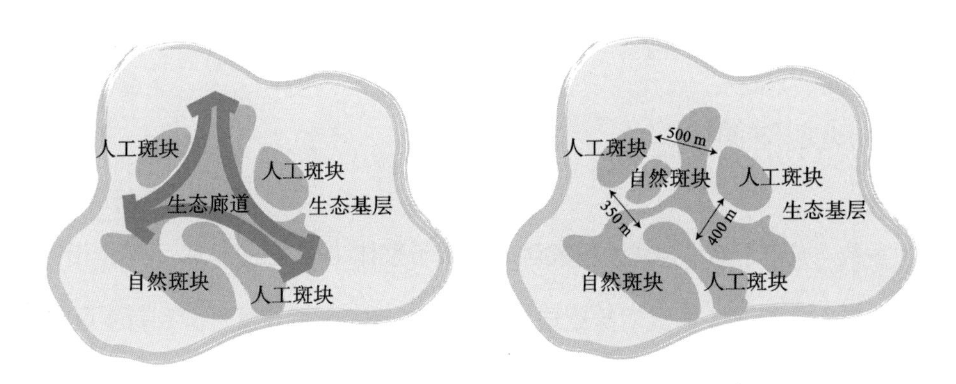

图 3.11　根据生态斑块及人工斑块构建的生态安全格局示意图

Fig. 3.11　Schematic diagram of ecological security pattern constructed based on ecological patches and artificial patches

（2）线：水网和绿网修复

矿业废弃地再生的研究对象是矿业废弃地及周边环境系统，因此，需要对周边环境的水系、生态道路、绿化廊道等线性空间进行统一部署、整合规划，串联并渗透到相对独立的各个矿业废弃地，形成生态廊道，甚至形成区域发展轴线。

水网修复主要基于生态安全格局在水环境、水安全要求的基础上，以整体性、系统性的方式对河流生态系统进行修复。具体措施包括：清除淤塞，实现水系贯通；整治污水直排，完善市政管网，强化末端净污，加强全程控污，改善河水水质；破除硬质岸线，优化生态岸线，补种树林，修复沿河岸线的生态性等，保留当地自然的水生生态系统特色。

绿网修复围绕加强周边绿地自然生态保护和满足居民生活需求展开，包括布局结构调整、功能优化以及质量提升等。“城市双修”视角下矿业废弃地绿网修复还应兼顾生态保护和历史人文资源保护、休闲游憩之间的关系，实现绿网的完整性、多元性和多功能性。

（3）点：生态损毁场地修复

采用合理的生物和工程技术手段对矸石山、塌陷地等点状损毁土地进行生态修复，采用清除、分解、吸收等方法清理环境污染物，净化水体，恢复土地的基本生产功能。综合考虑场地的景观美学价值，生态修复的同时提高景观观赏度。

值得指出的是，矿业废弃地生态修复在传统生态恢复学理念指导下，也需要引入新的理念。例如，可以将雨洪管理、弹性城市等生态建设思想应用到矿业废弃地再生规划中，全方面修复矿业废弃地生态系统，提高城市的适应性和生态承载力。其中，可持续雨洪管理（best management practice, BMP）主要通过“渗、蓄、净、用、排”等关键技术，以及减少不透水区域、种植屋顶、透水铺装、雨水花园、人工湿地、植草沟和渗透带等策略来实现城市内涝缓解和场地雨洪管理[22]。结合矿业废弃地的自身特殊性，矿业废弃地的可持续雨洪管理策略应与减少场地不透水区域、水体净化再利用和土壤修复相结合，利用地形地势进行场地雨洪管理和生态环境修复，解决矿业废弃地场地地表径流和土壤污染等问题。

3.4.3.2 城市修补对策

功能提升是“城市双修”的重点，通过功能修补促进产业结构升级，是“城市双修”理念中对“精明增长”理论和土地集约利用理论应用的具体表现。矿业废弃地所在区域内的传统产业由于资源枯竭、环境恶化等因素衰败，引导传统产业转型升级是矿业废弃地再生规划中重要的一环。而在“城市双修”理念的指导下，城市经济的发展应服务于生态环境及城市文脉的发展，因此这一转型升级应遵循以下两个基本开发模式（图 3.12）。

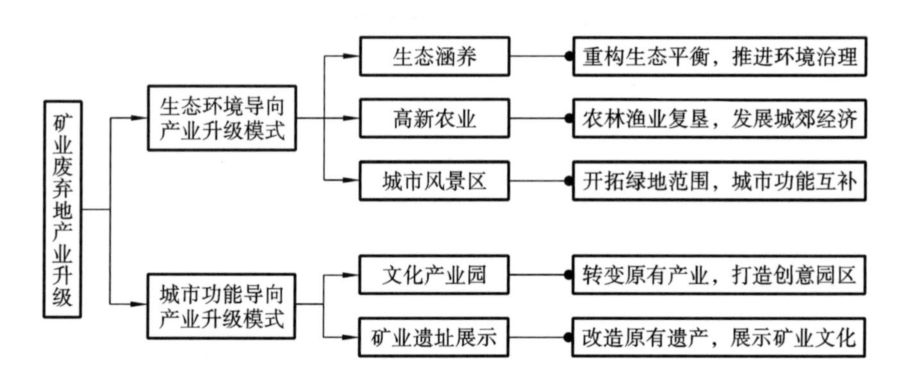

图 3.12 “城市双修”导向下矿业废弃地的产业功能升级模式

Fig. 3.12 The industrial function upgrade model of AML under the concept of dual urban repairs

（1）生态环境导向型产业升级

城市中的矿业废弃地大多位于郊区，面积相对较为宽裕，可以转型发展为生态涵养区、高新农业区、城市风景区等。这一类产业升级转型模式的投资规模一般相对较小，且在因地制宜的土地再开发后往往会形成与主城区功能互补的城市环境，吸引城区人流，激发当地经济活力。例如，近年较为流行的矿山公园模式，将矿业废弃地独有的场地特征与城市居民对良好生态环境的需求有机结合起来，充分发挥了矿业废弃地在整个城市生态系统网络中的再生利用价值。

（2）城市功能导向型产业升级

功能导向型产业升级主要是指以居住、商业、科研等土地功能置换模式为目标的产业升级。近年来，文化资本对解决城市产业升级的社会经济问题所起到的作用正在日益凸显。将文化旅游和提高居民收入结合的文化发展策略逐渐成为具有历史文化遗存的城市转型更新的重要发力点，并在西方国家进行了大量实践。文化资本可以通过结合文化设施建设、文化活动举办和文化产业发展三种方式进行产业升级。然而，在我国，基于文化资本转型的城市更新策略刚刚兴起，尚缺少成熟的文化政策指引，导致了运用文化资本容易过度关注经济发展和忽略居民文化需求的问题。

3.4.3.3 生态修复与城市修补关系

对于矿业废弃地再生规划，生态修复与城市修补是相辅相成、相互促进和制约的。一方面，生态修复是发挥矿业废弃地资源优势的首要条件，只有场地安全，没有污染、滑坡、塌陷隐患，才可以进行其他功能植入；另一方面，矿业废弃地再生规划应该以生态修复底线下的城市精准开发为指导，强调生态环境与开发功能的匹配，合理利用矿山资源，因势利导地制订再生方案，实现价值最大化。其中，对于地理区位偏远、功能置换需求较低、生态环境底子薄的矿业废弃地，可以只对其进行简单的植被恢复处理，暂时不做其他用途；对于地理区位尚可、功能置换需求较高、生态修复难度尚可的矿业废弃地，可以在植被恢复基础上，适当改造为建设用地，并进行生态环境系统营造；对于地理区位重要、功能置换需求强烈的矿业废弃地，则必须在生态修复基础上，考虑一定程度功能的植入以及人居环境的构建。对矿业废弃地采取生态功能和建设功能结合的多功能土地利用模式，也正是“城市双修”理念所倡导的混合式土地利用方式的具体体现。

3.4.4 开发时序

3.4.4.1 确定矿业废弃地开发时序的意义

根据矿业废弃地再生规划流程，再生时序评价是“城市双修”的基础工作，是提高矿业废弃地再生效率和开发质量的有效途径。城市的发展是连续的，矿业废弃地的再生利用也是连续的，但每一个阶段都有各自的发展重点。因此，保证矿业废弃地系统与城市系统、自然系统在发展的过程中保持相对合理的状态十分重要，而这种合理状态以矿业废弃地再生的时序安排为前提。同时，矿业废弃地再生利用是一项十分复杂的工作，不同矿业废弃地之间生态状况、损毁情况和区位条件存在差异，加之开发耗时长、花费多，再生利用前进行时序评价显得尤为重要。目前国内的矿业废弃地再生规划工作大多忽视了进行科学的再生时序评价的重要性，仅根据以往经验来确定再生规划时序，因而很难实现“城市双修”理念所构建的城市片区再生图景。

矿业废弃地再生规划应该注重定量规划分析手段的应用，采用科学合理的技术分析手段，提高规划的科学性、准确性和可实施性。因此，综合考虑各方面因素对矿业废弃地再生时序的影响，建立再生时序分析模型是目前最为科学且可靠的矿业废弃地再生规划量化分析手段。

3.4.4.2 矿业废弃地开发时序模型设计

DSR（driving force-state-response）驱动力－状态－响应模型于1997年由联合国可持续发展委员会（United Nations Commission on Sustainable Development，UNCSD）开发，最初是一个从系统论角度出发，分析可持续发展各项动态特征的有机体系[23]。驱动力（driving force）、状态（state）和响应（response）是DSR模型的三大组成部分。连接DSR模型三个主要成分的是驱动力与状态、响应与驱动力以及状态与响应之间的信息连接，这些反馈机制使研究者能更好地理解政策和技术革新之间的逻辑关系。由于人类活动和土地、水、空气资源在可持续发展中存在着动态的交互作用，因此，可以使用DSR模型分析和识别上述影响因素的因果关系（图3.13）。

可持续发展DSR模型的基本思路是：驱动力是指人类行为、过程和生活方式等，系统的“驱动力”对可持续发展产生压力，使得可持续发展的“状态”发生改变，对人类产生一定影响；人类社会中的政策、法规或制度等措施为此做出反应和改变，维持系统的可持续性。“驱动力”是“状态”发生变化的根本原因，“状态”

是“驱动力”实现的约束条件和“响应”制定的基本依据，“响应”是促使“状态”发生变化的重要途径。DSR 模型以因果关系为基础，通过检测驱动力和环境状况、社会响应之间的逻辑反馈机制，可以较好地反映人地系统相互作用的因果链关系，也被广泛用于环境可持续评价领域[24]。

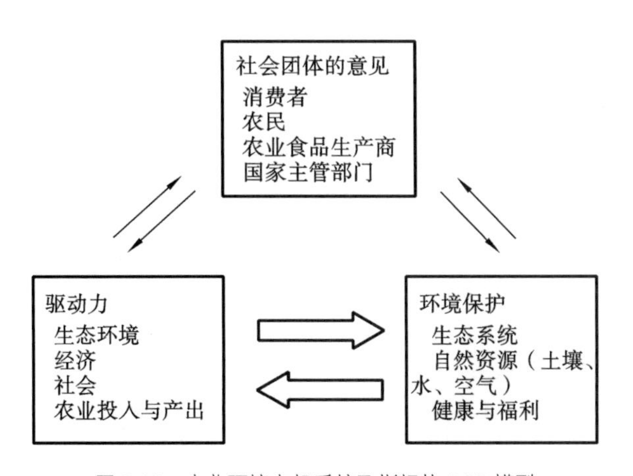

图 3.13　农业环境有机系统及指标的 DSR 模型

Fig. 3.13　The DSR framework for agri-environmental linkages and indicators (modified from OECD, 1997)

PSR（pressure state response）压力 - 状态 - 响应模型是 DSR 模型的早期原型，于 1993 年由联合国经济合作与发展组织（Organization for Economic Cooperation and Development, OECD）开发，用以描述人类活动与环境的相互作用机制。它能够突出反映环境受到的压力和环境退化之间的因果关系，进而通过政策手段维持环境质量，以达到可持续发展的目标。PSR 模型将影响生态环境的指标分为压力（P）、状态（S）和响应（R）三个方面，其中，人类活动对环境施加“压力”，这些压力对环境产生消极影响，导致生态环境和自然资源的质量和数量产生变化（状态），而人类社会通过环境政策、一般经济性政策和部门政策进一步对这些变化做出相应的反应（响应）以阻止环境质量恶化，促进环境系统健康发展。PSR 模型属于开放模型，可以依据使用目的的不同而进行调整以反映更多的细节或专门的特征。

由于 PSR 模型强调的是负面因素（即压力）对环境系统的影响，不能全面反映正面因素对系统的作用，因此，有学者对PSR模型进行修正，以“驱动力”代替“压力”，用于全面反映正负面因素对系统的双向作用。由于DSR模型具有全面性、系统性、综合性等特点，得到了普遍认可和应用。因此，本书采用DSR模型构建矿业废弃地再生时序评价体系。

3.4.5 功能置换

3.4.5.1 土地功能置换决策的意义

“城市双修”是对城市土地进行的二次甚至多次开发。优化土地利用结构、重新规划城市空间布局，提高城市整体功能布局是“城市双修”实施的重要目标之一。“城市双修”关注土地利用方式的转变，而特大型综合性城市矿业废弃地土地功能置换是实施“城市双修”战略的重要组成部分，也是中国可持续发展、绿色矿山建设和落实节约优先战略的重要内容。矿业废弃地作为潜在土地资源，其功能置换的合理性和科学性不仅关系矿业废弃地开发的效率和质量，还关系着矿业废弃地所在综合性城市可持续发展的前景和效果。

矿业废弃地土地功能置换是一项十分复杂的系统工程。根据《土地复垦条例》，制订土地功能置换方案之前需进行全面科学的适宜性评价。一般而言，矿业废弃地土地功能置换依据开发适宜性评价确定土地性质用途。适宜性评价理念最早出自《周礼・地官司徒・大司徒》：“以土宜之法，辨十有二土之名物……以毓草木，以任土事。”参考土地适宜性概念，矿业废弃地开发适宜性是指“一定条件下一定范围内的矿业废弃地对某种特定用途的适宜程度[25]”。矿业废弃地再生规划中的土地置换不是新区开发，而是对原有土地功能进行转换和升级。矿业废弃地土地功能置换应妥善考虑城市更新中会面临的困难，充分利用现有资源，预防无效置换。因此，在这一过程中也需要摒弃以往通过经验判断的粗放式规划方法，而采用具有科学根据的、可量化分析的数学模型来进行分析研究，并以其计算结果作为依据来做出相应的规划决策。

3.4.5.2 土地功能置换模型设计

现有矿业废弃地土地功能置换模型多采用极限条件法、主成分分析法和人工神经网络法等，基于经验进行指标量化和权重赋值，得到的指标权重主观性过强，难免影响评价结果的客观性和真实性。上述评价模型也没有解释判定位于评价等级临界值附近指标隶属合理性的问题。

可拓理论于 20 世纪 80 年代诞生，由中国学者蔡文提出，以矛盾问题为研究对象，是融合物元理论和可拓集合的数学研究方法[26]。可拓模型通过关联函数反映评价对象的定性和定量特点，能够减少人为干扰，更为客观地反映评价指标的权重属性。通过关联度确定实测数据隶属的评价等级，可有效解决位于临界值附近的影响因素如何判定隶属等级的问题，使判定结果更加清晰、科学。可拓模型中，物元是指描述事物的基本元，由事物、事物特征、事物特征取值组成。物元模型是解决矛盾问题的基本模型，物元转化是解决矛盾问题的基本路径。随着研究的深入，可拓理论逐渐与其他学科融合，发展出物元可拓方法、优度评价方法等可拓工程方法，并逐渐应用于管理、风险评价、决策和过程控制中。本书基于可拓评价基本研究方法，建立矿业废弃地土地功能置换决策可拓模型。

4 矿业废弃地再生时序评价研究

- 矿业废弃地再生时序内涵
- 矿业废弃地再生时序 DSR 模型构建
- 评价指标量化方法
- 指标权重与评价模型确定
- 结果与分析

4

空间发展时序确定是我国《城市规划编制办法》的明确要求。矿业废弃地再生时序评价是“城市双修”的核心内容，也是提高矿业废弃地再生利用效率和开发质量的有效手段。

4.1 矿业废弃地再生时序内涵

“任何人都知道什么是一个好城市，但唯一严肃的问题是如何才能造就一个好城市。”

——凯文·林奇

“城市双修”视角下的矿业废弃地再生规划具有综合性、整体性和可持续性。其中，整体性不仅包括物质的整体性，也包括时间和空间的整体性，代表着结构完整、过程完整和关系完整。城市的发展是连续的，矿业废弃地的再生利用也是连续的，但每一个阶段都有各自的发展重点。因此，保证矿业废弃地系统与城市系统、自然系统在发展的过程中保持相对合理的状态十分重要，而这种合理状态以矿业废弃地再生的时序安排为前提。

矿业废弃地再生时序评价涉及城乡规划学科的根本问题，具有城乡规划学科预测性和系统性两大特征[27]。矿业废弃地再生时序侧重于从时间维度探讨布局形成的秩序问题，是加强“城市双修”规划科学性论证、对矿业废弃地进行科学统筹规划的重要手段。另一方面，再生时序也是政府从空间和发展时序上对“城市双修”规划的主动预控。矿业废弃地再生时序就是建立矿业废弃地的再生管理机制，明确各发展阶段政府的职能边界。目前，尚没有矿业废弃地再生时序规划的标准定义，借鉴徐丹丹[28]对城市空间的开发时序定义，本书认为，“城市双修”视角下的矿业废弃地再生时序规划是利用动态规划的思路，将矿业废弃地再生中的诸多影响因素有机结合起来，按照时间轴的方式做出对“城市双修”的响应。

值得指出的是，矿业废弃地再生利用时序并不是再生难易程度的反映，而是再生利用绩效的最大化。本书基于矿业废弃地再生 DSR 模型，从驱动力、状态、响应三方面明确矿业废弃地再生的影响因素，进而构建矿业废弃地再生时序评价体系，得出再生时序评价结论。

4.2 矿业废弃地再生时序 DSR 模型构建

4.2.1 模型构建

矿业废弃地再生是城市可持续发展重要途径，再生活动受社会经济和生态环境共同影响，是复杂人地系统相互作用的结果[29]。现有 DSR 模型的驱动力由人类活动组成，状态由自然资源、空气等环境状态组成，响应由政治、经济、法律等措施组成。矿业废弃地再生利用时序评价的驱动力、状态和响应内容与现有 DSR 模型存在差异。另外，现有 DSR 模型以环境现状评价为目标，系统内各要素逻辑关系分析围绕现状产生原因展开，而矿业废弃地再生评价以获得再开发时序为目标，研究对象和研究目的也存在差异。因此，需对 DSR 模型进行改进修正，具体如下（图 4.1）。

驱动力——来自城市转型和城市双修等外部环境对矿业废弃地再生的需求。随着城市社会经济发展、科学技术进步、产业结构转型和企业责任意识提高，矿业废弃地再生可以成为城市摆脱危机的力量纽带，带来新的社会文化效益、经济资源效益和生态环境效益。

状态——为矿业废弃地的建筑、景观、地下空间及生态环境现状，反映场地自身的再开发潜力。在“直接驱动力”和“间接驱动力”的共同作用下，相关利益方重新审视矿业废弃地的“状态”，并通过相应的意愿和行动使之适应城市转型升级和城市双修需求。同时，矿业废弃地的生态风险特征、建筑景观特征和地下空间特征也直接影响并约束再利用的社会、经济和生态效益。

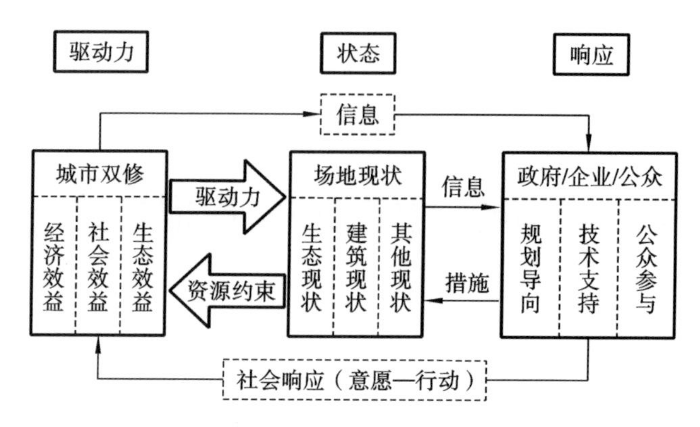

图 4.1 煤矿废弃工业广场再开发 DSR 概念模型

Fig. 4.1 DSR framework of AML redevelopment

响应——代表政府机构、企业部门和社会公众对再开发采取的措施与态度，如规划导向、技术支持和公众参与等方式。

在驱动力作用下，各利益方重新审视矿业废弃地状态，并通过相应的行动使之适应“城市双修”的需求。其中，“驱动力”是“状态”发生变化的根本原因，“状态”是“驱动力”实现的约束条件和“响应”制定的基本依据，“响应”是促使“状态”发生变化的重要途径。上述 DSR 模型明确了再开发行为中驱动力、状态、响应之间的因果关系，是制定矿业废弃地再生时序评价体系的基础。

4.2.2 评价体系构建

4.2.2.1 指标选取原则

矿业废弃地再生与城市存量更新的协调发展是一个多目标、多层次、多因素的复杂系统，也是一个动态调整的长期过程。基于“城市双修”的核心思想和 DSR 概念模型，评价指标应在可操作性强、能客观表达我国矿业废弃地再生时序特征的基础上，通过对现状要素的评价找出再生实践中存在的关键问题，进而明确再生利用时序。评价指标的选取应遵循下列五个原则。

（1）全面性

根据 DSR 概念模型要求，评价既要反映再生行为的周边环境驱动力，又要反映出场地自身的状态潜力，以及相关政策响应，这就要求矿业废弃地再生利用时序评价体系应该具有全面性，能够全面客观地考虑各种影响因素的相关性和整体性，建立描述系统整体特性和有效反映系统功能的指标体系。

（2）科学性

指标选取应以科学思想为指导，以客观事实为依据，明确指标内涵，最大限度地反映再生需求与城市发展情况，科学、客观地反映矿业废弃地再生时序与“城市双修”协调发展目标的实现程度。科学性原则要求评价指标体系中涉及的概念清晰严谨、含义明确，涉及的计算方法科学合理、简单明确。

（3）系统性

矿业废弃地再生时序评价体系本身是一个多层次的结构体系，每一个要素子系统都可以在一定程度上反映整个矿业废弃地系统的特点，而每一个子系统的评价结果都会对整个再生时序评价结果产生影响。各个子系统既保持相对独立，又存在一定联系。因此，实际操作中，应充分考虑各要素子系统的针对性、差异性，对系统进行统筹把握，以期较为全面地反映矿业废弃地再生时序的影响因素。

（4）可比性

为保证评价实际效果，矿业废弃地再生时序评价还应满足可比性原则。要求选取的评价指标简便实用、不重复且具有代表性。指标数据来源满足易获取、可靠性高的要求，数据处理过程应尽量简单且不失真，处理结果最大限度地反映实际情况。

（5）定性与定量结合

矿业废弃地再生时序评价体系的评价形式应当以定量分析为主，确保评价结果的客观性和科学性。然而，矿业废弃地系统的复杂性决定了指标选项中必然包含无法定量的因素。对于无法定量的因素，采取将模糊的定性分析进行适当转换的方法，对定性指标间接赋值量化，从而提高可操作性，确保评价结果全面、合理。

4.2.2.2 评价指标体系的构建

根据《全国土地整治规划（2016—2020 年）》《关于加快建设绿色矿山的实施意见》和《关于加强生态修复城市修补工作的指导意见》，矿业废弃地再生需结合周边环境，以城市规划为基础，以改善周边配套设施、景观生态现状和提高土地经济密度为目标，在调查评价基础上，统筹场地现状，对矿业废弃地进行合理安排利用。因此，矿业废弃地再生既需结合周边区位环境，也需结合场地生态和建筑保存现状，并基于城市发展规划和政策措施确定再开发时序。基于构建的 DSR 模型，结合已有研究、矿业废弃地特征和研究区域实际情况，以时序划分为目标，采用 AHP（analytical hierarchy process）层次分析法，从驱动力、状态、响应 3 个层次选取 16 个指标建立矿业废弃地再生评价体系（表 4.1）。驱动力反映周边区域状况的推动作用，状态反映场地自身再开发潜力，响应反映政府潜在支持力度，具体如下。

（1）驱动力指标

驱动力指标主要考虑周边区位环境的推动作用，可用产业集聚情况、交通区位条件和公共服务设施配置等表示。产业集聚情况反映周边生态农业产业和文化旅游资源对再生行为的影响程度。交通区位条件反映交通系统的完善程度和与中心建成区距离关系，由公路覆盖情况、公共交通覆盖情况和距区中心距离组成。公共服务设施配置反映周围教育、文化体育、医疗卫生和商业服务等公共服务设施的便捷性和完善程度。

表 4.1 矿业废弃地再生 DSR 时序评价体系

Tab. 4.1 DSR assessment system for prioritizing AML redevelopment

准则层	因素层	指标层	指标含义	指标性质
驱动力	产业集聚情况	生态农业集聚度 C_1	反映周围生态农业产业对再开发行为的影响度	正向
		文化旅游集聚度 C_2	反映周围文化旅游资源对再开发行为的影响度	正向
	交通区位条件	公路覆盖情况 C_3	反映县级以上道路对再开发行为的影响度	正向
		公共交通覆盖情况 C_4	以距公交车站距离反映场地交通潜力	逆向
		距区中心距离 C_5	以距区政府距离反映场地区位优势	逆向
	公共服务设施配置	公共服务设施可达性 C_6	反映到达各类公共服务设施的便捷性	逆向
状态	生态现状	土壤地质条件 C_7	实测土壤质地的再生适宜性	正向
		土壤 pH 值 C_8	土壤 pH 值的再生适宜性	正向
		损毁程度 C_9	以土地损毁程度反映再开发适宜性	逆向
		重金属污染度 C_{10}	以 Hakanson 潜在风险指数表示环境污染度	逆向
		地质灾害风险度 C_{11}	以北京泥石流灾害分区表示潜在地质灾害风险	逆向
	建筑现状	建筑保存完整性 C_{12}	反映房屋结构再利用潜力	正向
		建筑历史文化价值 C_{13}	反映建筑历史文化保护价值	正向
	其他场地现状	地下空间保存情况 C_{14}	反映既有地下设施、空间可利用潜力	正向
		市政基础设施情况 C_{15}	反映场地内是否存在较好的基础设施条件	正向
响应	发展规划和政策措施	规划发展等级 C_{16}	反映地区发展规划和潜在政策激励措施	正向

注：未选取 GDP、人口密度等常规社会经济指标是由于样本地分布于 2 个行政区域，指标差异性较低，评价结果趋同。正向指标代表指标值越大越好，负向指标代表指标值越小越好。

（2）状态指标

状态指标主要考虑场地自身再开发潜力，可用生态现状、建筑现状和其他场地现状表示。参考《土地复垦方案编制规程》，矿业废弃地再生的生态现状子系统由土壤地质条件、土壤 pH 值、损毁程度、重金属污染度和地质灾害风险度组成。其中，土壤地质条件、土壤 pH 值以实测土壤数据表示，损毁程度以土地受损程度表示，重金属污染度以 Hakanson 潜在风险指数表示，地质灾害风险度由北京泥石流灾害分区表示。建筑现状由建筑保存完整性和历史文化价值组成，反映场地的建筑资源潜力。其他场地现状由地下空间保存情况和市政基础设施情况组成。

（3）响应指标

响应指标主要考虑当地发展规划和政府政策的潜在支持度。中国尚未出台矿业废弃地再生专项规划的相关规定，矿业废弃地再生需借助其他综合规划规定的相关指标进行分析再运用。参考地区发展规划等级和政策激励措施，响应指标由待开发场地所在乡镇是否位于国家级、市级或区级重点发展区等组成。

本研究中涉及的数据主要包括：①《北京城市总体规划 (2016 年—2035 年)》《门头沟区土地利用总体规划（2020—2035 年）》《房山区土地利用总体规划 (2020—2035 年)》及相关乡镇土地利用规划，用于确定土地功能定位和评价目标；②京西矿区分布图和 Google Earth 高精度影像，用于识别煤矿废弃工业广场、周边配套设施，提取道路分布信息；③《北京工业志・煤炭志》《中国煤炭志（北京卷）》《煤炭工业志》等，用于梳理京西矿区矿业发展历史脉络；④ 2016 京西煤矿关闭矿山报告，用于获取废弃工业广场基本信息；⑤调研实测数据，用于判定不易识别区域，获取土壤样本等数据；⑥北京市政务数据资源网，用于确定规划优先发展区。

4.3 评价指标量化方法

根据相关国家标准和研究对象特点，采用赋值法对各指标评价等级由高到低依次分为高度适宜、中度适宜、勉强适宜、不适宜 4 类，并分别赋予 100、80、60、40 分（表 4.2）。

表 4.2 评价指标量化标准与相应权重

Tab. 4.2 Evaluation criteria and weights of index

指标	权重	指标评价标准及分值			
		100	80	60	40
生态农业集聚度 C_1	0.162	＞85	75～85	60～75	＜60
文化旅游集聚度 C_2	0.213	＞85	75～85	60～75	＜60
公路覆盖情况 C_3	0.189	＞75	65～75	50～65	＜50
公共交通覆盖情况 C_4	0.198	＜0.5	0.5～1	1～1.5	1.5～2
距区中心距离 C_5	0.121	＜30	30～40	40～50	＞50
公共服务设施可达性 C_6	0.117	＜15	15～30	30～45	＞45
土壤地质条件 C_7	0.072	壤质	砂壤质	黏壤质	细粉砂质
土壤 pH 值 C_8	0.081	6～7	5～6，7～8	4～5，8～9	＜4，＞9
损毁程度 C_9	0.069	＜0.5	0.5～1	1～1.5	1.5～2
重金属污染度 C_{10}	0.091	＜150	150～300	300～600	＞600
地质灾害风险度 C_{11}	0.053	非易发区	低易发区	中易发区	高易发区
建筑保存完整性 C_{12}	0.232	完好	较好	一般	年久失修
建筑历史文化价值 C_{13}	0.199	突出	较突出	一般	不突出
地下空间保存情况 C_{14}	0.105	完好	较好	部分破坏	严重破坏
市政基础设施情况 C_{15}	0.098	完善	较完善	一般	几乎没有
规划发展等级 C_{16}	1.000	Ⅰ级	Ⅱ级	Ⅲ级	Ⅳ级

值得指出的是，本书采用赋值法进行指标量化，但赋值法存在临界值需特殊处理的问题。为此，对待位于边缘值的量化结果，需综合其他指标进行再次

判读。邀请专家对指标评价标准进行论证，经多次反复调整，确定各指标的量化评判标准。

4.3.1 驱动力指标量化

（1）产业集聚情况

产业集聚情况由距周边区域生态农业（C_1）和文化旅游产业（C_2）距离决定。借鉴刘春凤等对北京八达岭长城旅游区经济影响域的研究[30]，取 2.8 km 为生态农业和旅游产业的辐射最佳影响半径，超过 2.8 km 则产业辐射效果下降。产业集聚度计算方法如下：

$$L_{i,j}=\begin{cases}100, & l_{i,j}\leqslant 2.8\\ 100\times\dfrac{l_{\max}-l_{i,j}}{l_{\max}-2.8}, & l_{i,j}>2.8\end{cases} \tag{4.1}$$

式中：L_i 为生态农业产业集聚影响值，L_j 为文化旅游产业集聚影响值；l_i 为待开发场地与生态农业距离，l_j 为待开发场地与文化旅游产业距离；$l_{\max}$ 为产业与待开发场地间最大距离。当受到多个产业影响时，取最高值代表该种产业集聚度。根据计算结果，产业集聚影响度按 > 85、75 ～ 85、60 ～ 75、 < 60 赋值 100、80、60、40（表 4.3）。

表 4.3 京西矿区矿业废弃地周边生态农业和文化旅游点分布

Tab. 4.3 Distribution of ecological agriculture and cultural tourism places in Jingxi mine land

煤矿名称	生态农业地点	距离 /km	生态农业集聚度	文化旅游点	距离 /km	文化旅游集聚度
大台煤矿	—	—	0	樱桃泉	1.8	100
				大台湿地公园	2	
				瓜草地	14.3	

续表

煤矿名称	生态农业地点	距离 /km	生态农业集聚度	文化旅游点	距离 /km	文化旅游集聚度
木城涧煤矿	富荆阁生态园	22	0	樱桃泉	5.6	22.2
	龙凤岭种植园	26.6		落坡岭水库	10.6	
	瓜草地生态园	22.4		千军台村	7	
千军台煤矿	—	—	0	千军台村	2.4	100
安家滩煤矿	安家滩观光园	1.8	100	瓜草地风景区	3.6	77.8
				琨樱谷山庄	7.4	
				马致远故居	13.8	
花坡根煤矿	安家滩观光园	8.6	69.8	瓜草地	6.4	0
				琨樱谷山庄	5.3	
				马致远故居	8.7	
王平镇煤矿	安家滩观光园	6.6	80.2	马致远故居	6.8	61.1
				京西十八潭	12.6	
	妙峰山观光园	12.4		琨樱谷山庄	2.9	
大安山煤矿	清远楼生态园	12.3	50.5	天下第一坡	10.5	22.2
				万顷郊野公园	5.6	
				京郊最美梯田	6.1	
长沟峪煤矿	十字寺生态园	4.7	90.1	周口店遗址	3.5	80.6
				石安寺	5.1	
				房山世界地质公园	19.6	

（2）交通区位条件

距离数据应用 ArcGIS 软件 Buffer 缓冲功能量化处理后得到。计算公路覆盖情况（C_3）时，由于道路重要程度不一，需分别计算国家级、省级、县级道路影响度，并取最大作用值作为公路覆盖情况得分。参考已有规定，国家级、省级、县级道路作用指数分别取 1.0、0.8 和 0.6。影响度计算方法如下：

$$R_i = 100 \times R_r \times (L_{max} - L_i) / (L_{max} - L_{min}) \tag{4.2}$$

式中：R_i为待开发场地i受到的道路影响度；国家级、省级、县级道路R_r值为1、0.8、0.6；L_i为待开发场地距道路实际距离，L_{min}为距道路最近距离，L_{max}为距道路最远距离。根据公路覆盖实际情况，按＞75、65～75、50～65、＜50赋值100、80、60、40（表4.4）。

表4.4 公路覆盖情况计算结果

Tab. 4.4 Calculation results of highway coverage

煤矿名称	最大影响度	指标分值
大台煤矿	60	60
木城涧煤矿	60	60
千军台煤矿	0	40
安家滩煤矿	0	40
花坡根煤矿	75	80
王平镇煤矿	100	100
大安山煤矿	46.7	40
长沟峪煤矿	46.7	40

公共交通覆盖情况（C_4）赋值参考《城市道路公共交通站、场、厂工程设计规范》（CJJ/T 15—2011）相关规定，按距公交车站＜0.5 km、0.5～1 km、1～1.5 km、1.5～2 km赋值100、80、60、40。若2 km范围内没有公交车站，则不得分。

距区中心距离（C_5）赋值根据矿业废弃地距门头沟区、房山区政府距离的实际情况，按＜30 km、30～40 km、40～50 km、＞50 km赋值100、80、60、40。

（3）公共服务设施配置

公共服务设施配置（C_6）指周围教育、文化体育、医疗卫生和商业服务等设施的完善程度。参考《村镇公共服务设施配置技术与标准研究》[1]，基于“生

1 引自城市建设研究院、清华大学和农业部规划设计研究院“十一五”科技支撑计划研究成果(2006BAJ05A05)：《村镇公共服务设施配置技术与标准研究》。

活圈”[1]原理（表 4.5），采用最小距离模型对周围的小学、中学、文化站、卫生院、日杂商店、宾馆、餐饮等公共服务设施进行可达性评估。

表 4.5　生活圈体系

Tab. 4.5　Living circle system

生活圈	参考交通方式	参考出行时间/min	等效服务半径/km	最大服务面积/km²	服务单元
基本生活圈	步行	15	0.5 ～ 1	3	社区 / 行政村
一次生活圈	步行	30 ～ 60	2 ～ 3	30	中心村 / 镇
二次生活圈	自行车	30	4 ～ 8	300	中心村 / 镇
三次生活圈	机动车	30	20 ～ 25	2000	中心镇 / 县城

以加权出行时间作为可达性评价标准，计算方法如下：

$$A_i = \sum_{i=1}^{n} d_{ij} c_j \tag{4.3}$$

式中：A_i 为公共服务设施可达性综合得分；d_{ij} 为第 i 个评价单元在第 j 个评价指标的量化分值；c_j 为第 j 个评价指标的综合权重。

4.3.2　状态指标量化

（1）生态现状

参考土地复垦适宜性评价研究成果[31]，土壤地质条件（C_7）按壤质、砂壤质、黏壤质、细粉砂质赋值 100、80、60、40；pH 值（C_8）按 6 ～ 7、5 ～ 6 或 7 ～ 8、4 ～ 5 或 8 ～ 9、< 4 或 > 9 赋值 100、80、60、40；沉陷深度（损毁程度，C_9）按 < 0.5 m、0.5 ～ 1 m、1 ～ 1.5 m、1.5 ～ 2 m 赋值 100、80、60、40。

1　“生活圈”原理是建立在居民可达性基础上的村镇理想模型，是公共服务设施均等化的空间诠释。

重金属污染度（C_{10}）以 Hakanson 潜在生态风险指数表示[32]，计算方法为：

$$C_f^i=\frac{C_s^i}{C_n^i},\quad C_d=\sum_i^n C_f^i \tag{4.4}$$

$$\mathrm{RI}=\sum_i^n T_r^i C_f^i / C_n^i \tag{4.5}$$

式中：C_f^i 代表第 i 种重金属的污染系数，C_s^i 为土壤重金属 i 的实测值，C_n^i 为参照值，C_d 为重金属综合污染程度，T_r^i 为重金属 i 的毒性响应系数，RI 为综合潜在生态风险指数。Cd、Cu、Pb、Cr 等是煤矿废弃工业广场常见污染元素，对取回土样进行重金属检测，参考北京土壤重金属环境风险等级[33; 34]（表 4.6）设置参照值、毒性响应系数和分级标准，结果按 < 150、150 ～ 300、300 ～ 600、> 600 赋值 100、80、60、40。

表 4.6　北京土壤重金属含量背景值和毒性响应系数

Tab. 4.6　Background values and toxic-response factors for soil heavy metals elements in Beijing

重金属	背景值	毒性响应系数
Cd	0.119	30
Cu	18.70	5
Pb	24.60	5
Cr	29.80	2

京西煤矿大都位于山区，泥石流是主要地质灾害。参考北京“7・21”特大暴雨山洪泥石流灾害发生时泥石流分布情况和北京市泥石流灾害易发分布图，按非易发区、低易发区、中易发区、高易发区对地质灾害风险度（C_{11}）赋值 100、80、60、40。

（2）建筑现状

参考《历史文化名城保护规划标准》（GB/T 50357—2018），建筑保存完整性（C_{12}）通过深入调查矿业废弃地地面建筑的历史及现状，按保存完好、较好、一般、年久失修赋值 100、80、60、40。根据文化遗产价值评估标准，分析研究矿业废弃地地面建筑的文化内涵、价值和特色，建筑历史文化价值（C_{13}）按价值突出、较突出、一般、不突出赋值 100、80、60、40。

（3）其他场地现状

地下空间保存情况（C_{14}）按保存完好无须修复、保存较好需要修复、部分破坏需要修复、严重破坏无法修复赋值 100、80、60、40。市政基础设施情况（C_{15}）参考 Maria Chrysochoou 等 [29] 的矿业废弃地精明增长指标评价体系，按给排水和照明设施完善、仅有给排水或照明设施、仅有给排水或照明设施且设施破损、没有赋值 100、80、60、40。

4.3.3 响应指标量化

根据京西矿区所在地区实际情况，发展规划和政策措施指标（C_{16}）按重要程度从高到低分为Ⅰ、Ⅱ、Ⅲ、Ⅳ级。Ⅰ级指代国家级优先发展规划，如国家重点建设小镇和中国传统村落名录等；Ⅱ级指代市级发展规划，如市级民俗村等；Ⅲ级指代区级发展规划，如门头沟区和房山区土地利用总体规划（2020—2035 年）列出的优先发展区等；Ⅳ级指代其他区镇级发展规划。Ⅰ、Ⅱ、Ⅲ、Ⅳ级分别赋值 100、80、60、40。

4.4 指标权重与评价模型确定

4.4.1 指标权重确定

AHP 层次分析法由美国匹兹堡大学 Thomas L. Saaty 教授在 20 世纪 70 年代

初提出，是一种将决策问题按总目标、各层子目标、评价准则顺序建立阶梯层次的结构模型，在此基础上进行定性分析与定量分析相结合的多目标决策方法。层次分析法的特点是将复杂问题简单化、条理化，主观认知客观量化，定性分析定量化，更加客观、公正、科学地评价目标问题。因此，本书选用 AHP 层次分析法确定指标权重。

权重是指各评价元素在系统整体评价中的地位，反映元素对决策系统属性的重要性。基于上文构建的矿业废弃地再生时序评价体系，基于 AHP 层次分析法邀请环境学、生态学、土地复垦学、建筑学、土木工程学及城乡规划学等相关专业专家学者相互独立地对评价体系的准则层、因素层和指标因子层中的元素逐个进行评价、打分。根据汇总的专家意见，构建比较矩阵，分别确定矿业废弃地再生时序评价体系中驱动力层级和状态层级指标权重，并对结果进行一致性检验，结果详见表 4.2。

4.4.2 评价模型确定

依据上述评价体系，采用加权求和法分别构建矿业废弃地再生时序的驱动力评价模型和状态评价模型，对每一个矿业废弃地进行驱动力评价和状态评价，得到矿业废弃地再生驱动力和状态子系统评价结果，根据各子系统评价结果耦合响应子系统后，获得准则层的综合评价结果。计算方法具体如下：

$$D_i = \sum_{i=1}^{n} r_{ij} q_j \tag{4.6}$$

$$S_i = \sum_{i=1}^{n} r_{ij} q_j \tag{4.7}$$

式中：D_i 为第 i 个评价单元的驱动力综合得分；S_i 为第 i 个评价单元的状态综合得分；r_{ij} 为第 i 个评价单元在第 j 个评价指标的量化分值；q_j 为第 j 个评价指标的综合权重。

4.4.3 开发时序确定

四象限法又称二维象限法，是美国管埋学教授柯维（Stephen R. Covey）提出的时间管理理论。四象限法将评价单元分成两个单元属性，通过进行两个单元的横向比较、分析，分别置于对应的象限内，最后按照不同的目标导向对四个象限进行排序组合，进而对这两个单元属性进行耦合。目前，四象限法广泛应用于财务管理、农田建设时序安排和旅游选址研究。

本书采用四象限法，耦合驱动力层级和状态层级评价结果，将矿业废弃地再生潜力从高到低划分为高驱动力高状态（high driving force high state, HDFHS）、高驱动力低状态（high driving force low state, HDFLS）、低驱动力高状态（low driving force high state, LDFHS）和低驱动力低状态（low driving force low state, LDFLS）4 类。根据土地利用总体规划和京西煤矿闭矿规划，综合考虑响应指标，将再开发时序划分为 3 个阶段：近期开发时序由 HDFHS 组成，中期开发时序由 HDFLS 和 LDFHS 组成，远期开发时序由 LDFLS 组成（图 4.2）。各象限以驱动力指标和状态指标的综合平均分数为界进行划分。

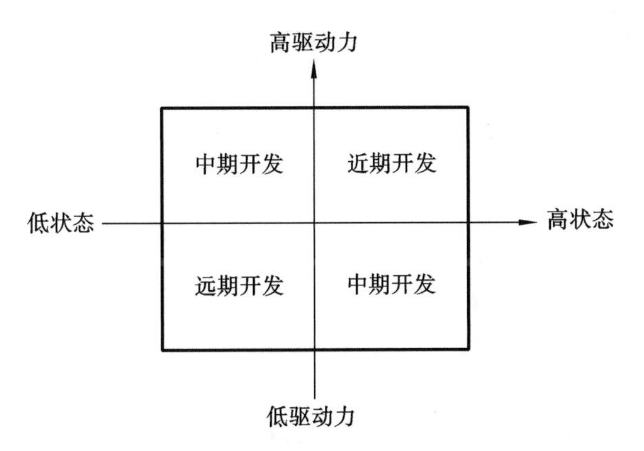

图 4.2 矿业废弃地再生时序分区原理图

Fig. 4.2 Division principle for prioritizing abandoned coal mine industry square

4.5 结果与分析

4.5.1 矿业废弃地再生驱动力评价结果

雷达图能直观、形象地表达评价对象的指标得分差异，可辅助评价者进行定性判断和定量分析。封闭图形面积越大，代表综合得分越高。将各矿业废弃地实测数据代入表 4.2，得到矿业废弃地驱动力指标综合得分（图 4.3）。

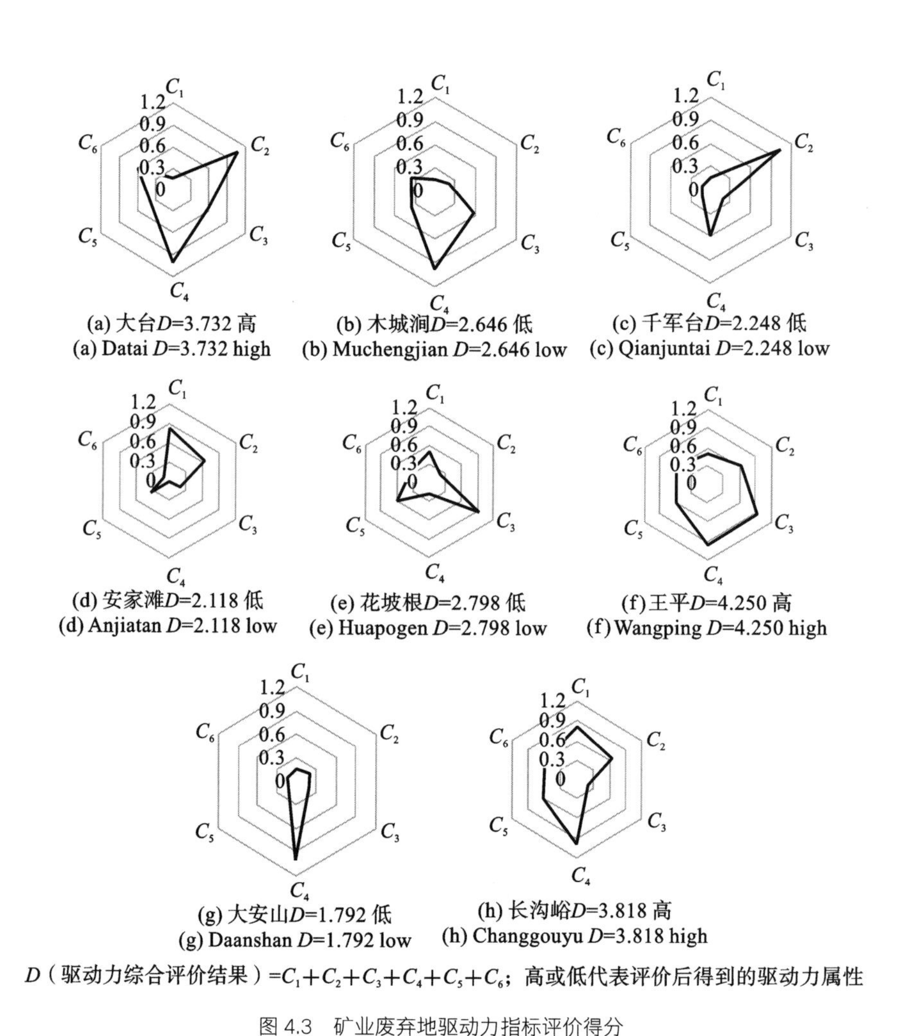

(a) 大台D=3.732 高
(a) Datai D=3.732 high

(b) 木城涧D=2.646 低
(b) Muchengjian D=2.646 low

(c) 千军台D=2.248 低
(c) Qianjuntai D=2.248 low

(d) 安家滩D=2.118 低
(d) Anjiatan D=2.118 low

(e) 花坡根D=2.798 低
(e) Huapogen D=2.798 low

(f) 王平D=4.250 高
(f) Wangping D=4.250 high

(g) 大安山D=1.792 低
(g) Daanshan D=1.792 low

(h) 长沟峪D=3.818 高
(h) Changgouyu D=3.818 high

D（驱动力综合评价结果）$=C_1+C_2+C_3+C_4+C_5+C_6$；高或低代表评价后得到的驱动力属性

图 4.3 矿业废弃地驱动力指标评价得分

Fig. 4.3 Results of driving force factors for prioritizing AML

各矿业废弃地驱动力得分结果分布在 1.792～4.250 之间。王平镇煤矿（4.250）和长沟峪煤矿（3.818）综合得分最高，得益于便捷的交通区位条件和完善的公共服务设施[1]。大安山煤矿得分最低（1.792），是由于大安山煤矿地处山区最里，产业集聚度和公路覆盖情况较差，周边公共服务设施配置尚不完善。以驱动力得分平均值（2.925）为界，大台煤矿、王平镇煤矿和长沟峪煤矿属于高驱动力型土地，木城涧煤矿、千军台煤矿、安家滩煤矿、花坡根煤矿、大安山煤矿等 5 个煤矿属于低驱动力型土地。高驱动力型矿业废弃地数量（3 个）少于低驱动力型矿业废弃地数量（5 个）。

4.5.2 矿业废弃地再生状态评价结果

将各矿业废弃地实测数据代入表 4.2，采用赋值法得到矿业废弃地状态指标综合得分，根据计算结果绘制雷达图（图 4.4）。经计算，各矿业废弃地状态得分分布在 1.464～4.603 之间。其中，大台煤矿得分最高（4.603），木城涧煤矿（4.522）和大安山煤矿（4.39）次之。由于上述 3 个煤矿是仅存尚未关停煤矿，场地设施保存完好，地下空间尚未破坏，无须修复便可再利用，因此再开发状态得分最高。安家滩煤矿得分最低（1.464），花坡根煤矿次之（1.907），是由于这 2 个煤矿早在 20 世纪 90 年代便已关停，建筑年久失修，破坏严重，地下空间早已严重破坏，无法重新利用。王平镇煤矿（3.187）与花坡根煤矿相邻不远，均于 20 世纪 90 年代关停，但得分高于花坡根煤矿，是由于王平镇煤矿紧邻 G109 国道和乡政府，优越的区位条件使其状态保存较好。以平均值（3.476）为界，大台煤矿、木城涧煤矿、千军台煤矿、大安山煤矿、长沟峪煤矿属于高状态型土地，安家滩煤矿、花坡根煤矿、王平镇煤矿属于低状态型土地。高状态型土地数量（5 个）大于低状态型土地数量（3 个）。

---

1 各矿业废弃地周边环境具体情况详见第 6 章分析。

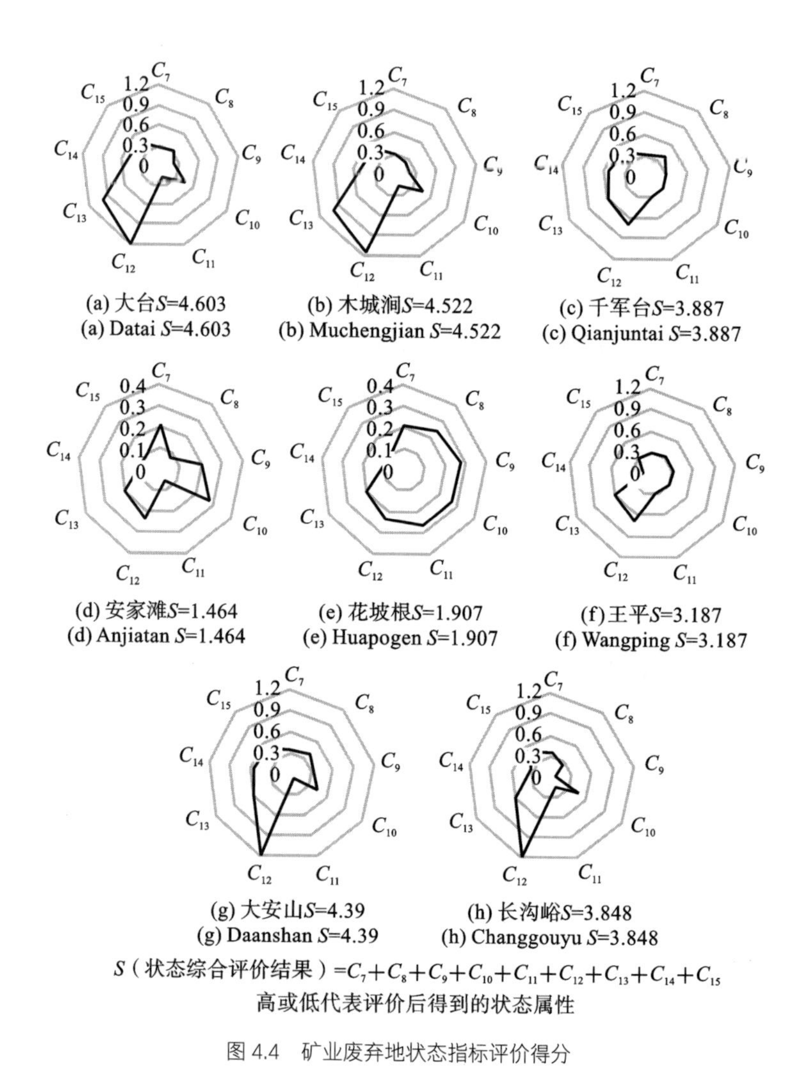

图 4.4 矿业废弃地状态指标评价得分

Fig. 4.4 Results of state factors for prioritizing abandoned coal mine industry square

4.5.3 矿业废弃地再生时序确定

耦合驱动力和状态评价结果，大台煤矿和长沟峪煤矿属于高驱动力高状态型（HDFHS）煤矿，属于近期开发时序。王平镇煤矿属于高驱动力低状态型（HDFLS）煤矿，属于中期开发时序。木城涧煤矿、千军台煤矿、大安山煤矿属于低驱动力高状态型（LDFHS）煤矿，也属于中期开发时序。由于木城涧煤矿紧邻国家传统村落千军台村，属于国家级发展规划区，且木城涧煤矿状态综合得分较高，因此，将木城涧煤矿调整至近期开发时序。安家滩煤矿和花坡根煤矿属于低驱动力低状态型（LDFLS）煤矿，属于远期开发时序。最终结果如表 4.7 所示。

表 4.7 煤矿废弃工业广场再开发时序划分

Tab. 4.7 Division results of prioritizing abandoned coal mine industry square

时序	煤矿名称	计算结果	属性
近期开发	大台煤矿	D=3.732，S=4.603	高驱动力高状态
	长沟峪煤矿	D=3.818，S=3.848	高驱动力高状态
	木城涧煤矿	D=2.646，S=4.522	低驱动力高状态
中期开发	王平镇煤矿	D=4.250，S=3.187	高驱动力低状态
	千军台煤矿	D=2.248，S=3.887	低驱动力高状态
	大安山煤矿	D=1.792，S=4.39	低驱动力高状态
远期开发	安家滩煤矿	D=2.118，S=1.464	低驱动力低状态
	花坡根煤矿	D=2.798，S=1.907	低驱动力低状态

5 矿业废弃地土地功能置换决策研究

- 矿业废弃地土地功能置换内涵
- 功能置换决策模型构建
- 评价体系构建
- 京西矿区矿业废弃地土地功能置换决策
- 综合决策分析

5

为提高矿业废弃地功能置换的科学性和合理性，本章从矿业废弃地土地功能置换内涵入手，引入可拓决策模型，以京西矿区 8 个矿业废弃地为例，对功能置换方案进行全面决策分析。研究试图拓宽矿业废弃地再生利用思路，为“城市双修”视角下矿业废弃地功能置换方案决策提供量化比较依据，为其他类型土地功能置换决策提供参考借鉴。

5.1 矿业废弃地土地功能置换内涵

引用陈百明等对土地功能的定义，土地功能即“土地满足人类生产、生活等方面需求时所体现的功能”，具体包括生产功能、生活功能和生态功能（图 5.1）。其中，生产功能是指土地作为劳作对象而产出各种产品和服务的功能，是土地三大功能的核心；生活功能是指土地成为人类一切生产、生活活动的场所，如提供风景旅游、科学研究和教育场所；生态功能是指土地系统维持人类生存的自然条件及其效用，包括水源涵养、气候调节、生物多样性维持等。总之，土地功能是一个复合整体，土地既可以作为建设用地承载城镇化建设的发展空间，也可以作为农业用地提供作物需要的生产要素，还是承载区域生态格局安全的重要载体。优化土地利用结构、

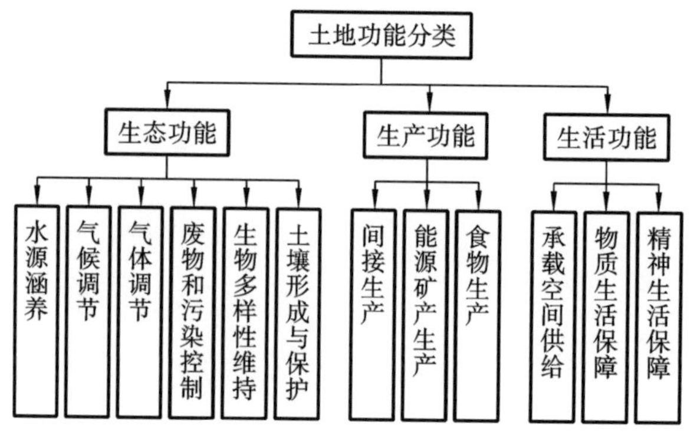

图 5.1 土地功能分类图

Fig. 5.1 Classification chart of land function

提高城市整体功能布局是“城市双修”实施的重要目标。

置换，又称“替换”，从字面意思上看，强调的是原有功能替换成另一种新的功能[35]。土地功能置换具有两层含义，一是用地类型的转换，如建设用地转换为农业用地、生态用地，或居住、商业用地；二是同种用地功能的深度转换，如从低效生产建设用地转换为高效生产建设用地。本书研究的综合性城市矿业废弃地虽然土地的生态、生产、生活功能已经丧失，但城市用地性质仍未发生变化，仍属于工矿建设用地，存在土地利用类型和实际使用现状不符的问题；同时，综合性城市转型升级矛盾突出，土地资源供给紧张，城市土地寸土寸金，因此，综合性城市矿业废弃地土地功能置换主要涉及的是用地类型转换，结合“城市双修”目标，达到提高土地生态、生产和生活功能的目的。

结合《全国土地整治规划（2016—2020 年）》、煤炭行业绿色矿山建设要求以及“城市双修”规划目标，改善城市人居生态环境、提高土地经济密度、统筹城市功能再造是综合性城市矿业废弃地功能置换的基本要求。在现有研究基础上，本书认为，原有的矿业废弃地土地功能置换评价的研究对象、评价方向和考虑的指标要素对于位于综合性城市的矿业废弃地都已经显得单一化、平面化。为了更加全面地分析以及指导一般综合性城市矿业废弃地土地功能置换决策，对位于综合性城市的矿业废弃地土地功能置换评价的内涵进行如下改进：综合性城市矿业废弃地土地功能置换评价应根据矿业废弃地（塌陷地、压占地、挖损地、废弃工业广场等）的社会、经济和生态属性，从城市可持续发展角度出发，以城市总体规划为主要依据，关注矿业废弃地对“城市端”“社会端”和“生态端”的影响，全面衡量矿业废弃地置换为生产、生活和生态用地的效益，突出矿业废弃地用于居住、公园游憩、科研办公和商业服务等更高附加值用地的可行性，因地制宜地确定矿业废弃地再生功能类型。

相比较于之前的矿业废弃地土地功能置换评价，本研究提出的改进内涵既继承了原有的优点，关注矿业开采以及城市建设带给当地的生态破坏，科学地衡量相关的生态指标，在土地功能重置中追求生态效益和环境保护的平衡，对当地生态环境进行修复，同时也更加关注矿业废弃地的社会效益与经济效益，比较分析多种矿业废弃地潜在发展方式，使得矿业废弃地的土地功能置换更加具有层次性与立体性（表5.1）。

表 5.1 矿业废弃地土地功能置换适宜性评价内涵对比

Tab. 5.1 Conceptual comparison of AML’s land function replacement

对比项目	传统功能置换适宜性评价	本书提出的功能置换适宜性评价
研究对象	塌陷地、压占地、挖损地等	塌陷地、压占地、挖损地、废弃工业广场等
转型类型	农业、林业、园林等生态用地	居住、公园游憩、科研办公和商业服务等生活用地和生态用地
评价指标	以生态现状为主	包括社会指标、经济指标和生态指标
评价目标	改善城市生态环境	在改善生态环境基础上，促进社会经济可持续发展

在转型类型上，本书提出的适宜性评价方向更加多功能化，在生态功能基础上扩展为住宅用地、公园游憩用地、工业生产用地和商业服务用地四类。根据矿业废弃地土地类型特点，住宅用地适宜性是指再开发为保障性住宅、养老住宅等的潜力；公园游憩用地适宜性是指再开发为矿山主题公园、文体娱乐用地等的潜力；科研办公用地适宜性是指再开发为科研院所、实训基地等的潜力；商业服务用地适宜性是指再开发为住宿、餐饮用地等的潜力。

为了更加准确地指导综合性城市矿业废弃地土地功能置换决策，本书提出的矿业废弃地土地功能置换评价指标选取不仅考察矿业废弃地自身的再开发适宜性，也兼顾城市周围环境对再开发行为的激励与约束作用。在评价中重点关注土地功能置换对城市生态环境和社会经济可持续发展的促进作用。丰富后的矿业废弃地再开发适宜性评价将再开发与城市环境修补、功能完善和文化传承相结合，为调整矿业废弃地土地利用结构提供科学依据。

5.2 功能置换决策模型构建

基于可拓评价基本研究方法[36; 37]，按如下步骤建立矿业废弃地土地功能置换决策可拓模型。

5.2.1 经典域物元模型构建

可拓理论引入物元概念，通过事物、特征和量值描述事物的质变和量变过程。设某待评价事物的名称为P，它关于特征c的量值范围为v，用有序三元组$R=(P, c, v)$描述事物的基本元，称为物元。

再开发适宜性评价中，设事物P有m个评价等级（m=1，2，3，4，…），$v_{um}=[\alpha_{um}(x), \beta_{um}(x)]$代表第$m$级土地再开发适宜性（$P_{0m}$）关于第$u$个评价指标$c_u$的级别判定标准。由$v$组成的物元矩阵称为事物$P$的经典域，则矿业废弃地再开发适宜性评价的经典域物元模型可以表示为：

$$R_{0m}=(P, c, v)=\begin{bmatrix} P_{0m} & c_1 & v_{1m} \\ & c_2 & v_{2m} \\ & \vdots & \vdots \\ & c_u & v_{um} \end{bmatrix}=\begin{bmatrix} P_{0m} & c_1 & [\alpha_{1m}(x), \beta_{1m}(x)] \\ & c_2 & [\alpha_{2m}(x), \beta_{2m}(x)] \\ & \vdots & \vdots \\ & c_u & [\alpha_{um}(x), \beta_{um}(x)] \end{bmatrix} \quad (5.1)$$

5.2.2 节域物元模型构建

设$c_u(u=1, 2, 3, \cdots)$代表矿业废弃地置换为四类目标土地类型（住宅建设用地、公园游憩用地、工业生产用地和商业服务用地）的u个评价指标，评价指标c_u的取值范围根据已有矿业废弃地土地复垦评价、文化遗产价值评价、工业建筑再利用评价等相关研究成果确定。$v_u=[\alpha_u(x), \beta_u(x)]$代表评价指标$c_u$的量值范围，

即事物 P 的节域，则矿业废弃地再开发适宜性评价的节域物元模型可以表示为：

$$R_p=\begin{bmatrix} P & c_1 & v_{p1} \\ & c_2 & v_{p2} \\ & \vdots & \vdots \\ & c_u & v_{pu} \end{bmatrix}=\begin{bmatrix} P & c_1 & [\alpha_{p1}(x)\ ,\ \beta_{p1}(x)\ ] \\ & c_2 & [\alpha_{p2}(x')\ ,\ \beta_{p2}(x')\ ] \\ & \vdots & \vdots \\ & c_u & [\alpha_{pu}(x)\ ,\ \beta_{pu}(x)\ ] \end{bmatrix} \tag{5.2}$$

由公式（5.1）和公式（5.2）可知，全部矿业废弃地再开发适宜性评价等级特征值的取值范围构成节域，各个矿业废弃地的再开发适宜性评价等级特征值的取值范围构成经典域，则有 $R_{0m} \supset R_p$。

由于不同评价指标数据单位不统一，无法直接比较，需对节域数据进行趋同化处理和无量纲化处理。本书采用离差标准化法对节域指标进行标准化处理，设 v_{ij} 代表原始数据，v_{ij}' 代表标准化后的数据，则有：

越大越优型指标（数值越接近 1 越好）：

$$v_{ij}'=\frac{V_{ij}-V_{i\min}}{V_{i\max}-V_{i\min}} \tag{5.3}$$

越小越优型指标（数值越接近 0 越好）：

$$v_{ij}'=\frac{V_{i\max}-V_{ij}}{V_{i\max}-V_{i\min}} \tag{5.4}$$

5.2.3 待评价对象物元模型构建

设 R_0 为收集、计算、分析后得到的待评价矿业废弃地的基础数据信息，y_n 代表 P_0 关于第 n 个评价指标 c_n 的数据信息的具体数值，P_0 为待评价对象，则有：

$$R_0=(P_0,\ c_n,\ y_n)=\begin{bmatrix} P_0 & c_1 & y_1 \\ & c_2 & y_2 \\ & \vdots & \vdots \\ & c_n & y_n \end{bmatrix} \tag{5.5}$$

5.2.4 待评价对象关联度计算

可拓评价使用初等关联函数 $K(x)$ 描述待评价事物 P_0 对某一区间的关联程度。若 v_n 代表第 n 个指标的实测具体数值；v_{pn} 代表实测数值 v_n 经离差标准化后的标准值。$[\alpha_n(x), \beta_n(x)]$ 代表景点物元域，$[\alpha_{pn}(x), \beta_{pn}(x)]$ 代表响应的节域物元域，则有：

$$K_m(v_n)=K_m(v_{pn})=\begin{cases}\dfrac{v_{pn}-\alpha_{pn}(x)}{\beta_{pn}(x)-\alpha_{pn}(x)}, & v_{pn}<\alpha_{pn}(x)\\ \dfrac{\beta_{pn}(x)-v_{pn}}{\beta_{pn}(x)-\alpha_{pn}(x)}, & v_{pn}\geqslant\alpha_{pn}(x)\end{cases} \tag{5.6}$$

通过关联度 K_m 计算可以清晰地得到各个指标和四个评价等级的关联程度，避免人为主观因素干扰。

5.2.5 关联度矩阵构建及其权重分配

根据评价体系和评价指标特点，采用改进的 AHP 层次分析法进行指标权重计算。九级标度法通过对指标元素进行两两比较给出相应的数量标度，是构建判断矩阵的常用方法 [38]。然而，虽然九级标度法对单一准则下的排序能够表现出较好的保序性，但在多准则排序问题中存在一致性较差的问题。本书采用 $e^{0/5}\sim e^{8/5}$ 指数标度法构造判断矩阵 A[39]，提高权重计算精度。利用 Matlab 软件 [V,D]=eig（A）命令求矩阵的全部特征值，进而得到指标权重并对判断矩阵进行一致性检验。

5.2.6 方案适宜性计算和方案决策

根据上文求得的物元特征权重 ω_n，得到矿业废弃地对不同适宜性等级的关联度 $K_1, K_2, \cdots, K_m$：

$$K_m(R_0)=\sum_{n=1}^{u}\omega_n K_m(v_n) \tag{5.7}$$

依据最大关联度原则确定矿业废弃地的隶属等级，并通过具体数值反映矿业废弃地属于该等级的程度，则有：

$$K_{m_0}(R_0)=\max_{m\in\{1,2,3,4\}} K_m(R_0) \tag{5.8}$$

m_0 即待评价矿业废弃地的再开发适宜性隶属等级。

5.3 评价体系构建

本书以北京京西矿区 8 个矿业废弃工业广场为例，构建“城市双修”视角下的矿业废弃地功能置换评价体系，为同类型矿业废弃地功能置换决策提供参考。值得指出的是，本书选取的功能置换评价体系指标及土地功能置换方向是基于《北京城市总体规划（2016 年—2035 年）》和京西矿区环境现状确定的，既具有典型性和代表性，也具有一定的个案特殊性，用于其他综合性城市矿业废弃地功能置换决策时，应进行适当的修正和调整。

5.3.1 指标确定依据及量化标准

根据矿业废弃地土地功能置换评价内涵以及北京京西矿区实际情况，按照全面性、可比性、科学性等原则，分别建立 4 个功能置换方案适宜性评价体系，从驱动力（即周围环境的积极和消极作用）和状态（即场地自身生态环境和建筑可再利用情况）两方面选取矿业废弃地再生利用为住宅用地、公园游憩用地、科研办公用地和商业服务用地的评价指标。参考联合国《土地评价纲要》将指标评价等级由高到低依次分为Ⅰ（高度适宜）、Ⅱ（中度适宜）、Ⅲ（勉强适宜）、Ⅳ（不适宜）四级。

特别指出，建筑、文化因素等评价指标由于指标性质决定了只能用很高、高、一般、不明显这类的定性语言进行分级描述，在定量评价过程中，需要对这类定性描述指标进行定量处理。本书对这些定性评价指标按评价等级从高到低依次赋值 7 分（Ⅰ级，高度适宜）、5 分（Ⅱ级，中度适宜）、3 分（Ⅲ级，勉强适宜）、1 分（Ⅳ级，不适宜）。

5.3.2 住宅类土地功能置换评价指标确定

矿业废弃地置换为住宅用地是最普遍、比例最高的置换方式。在置换为住宅用地的评价体系（表 5.2）中，对已有相关研究评价指标进行总结罗列和频度统计，基于《土地复垦条例》，依据《住宅建筑规范》（GB 50368—2005）和《养老设施建筑设计规范》（GB 50867—2013）等，从公共服务设施可达性、人口分布、公共交通覆盖、商业集聚度、地形坡度、地质灾害风险度、重金属污染度和结构可实施性等 8 个方面选取评价指标。

表 5.2 矿业废弃地置换为住宅用地的适宜性评价指标和分级赋值

Tab. 5.2 Suitability evaluation system and criteria of AML transforming to residential lots

类型	目标	因素	指标	计算说明（单位）	Ⅰ	Ⅱ	Ⅲ	Ⅳ
住宅用地	驱动力	社会因素	公共服务设施可达性	$A=\sum_{i=1}^{n}\frac{a_i \times d}{L_i}$ (1)	(4, 10]	(2,4]	(1,2]	(0,1]
			人口分布	2016 镇人口密度（人 /km^2）	(900, 1 200]	(400, 900]	(100, 400]	(0, 100]
		区位因素	公共交通覆盖	距公交车站距离（km）	(0,0.5]	(0.5,1]	(1,2]	(2,3]
			商业集聚度	$S_i=\begin{cases}100, & D_i \leqslant 2.8 \\ 100\times\frac{D_{max}-D_i}{D_{max}-2.8}, & D_i > 2.8\end{cases}$ (2)	(85,100]	(75,85]	(60,75]	(0,60]

续表

类型	目标	因素	指标	计算说明（单位）	Ⅰ	Ⅱ	Ⅲ	Ⅳ
住宅用地	状态	生态因素	地形坡度	坡度	(0,5]	(5,15]	(15,25]	(25,30]
			地质灾害风险度	$A=\sum_{i=1}^{n}\frac{S_n}{d_i}$ (3)	(0,0.05]	(0.05,0.1]	(0.1,1]	(1,2]
			重金属污染度	Hakanson 潜在生态风险指数	(0,150]	(150,300]	(300,600]	(600, 1 000]
		建筑	结构可实施性	现存建筑质量	优秀	良好	一般	较差

注：公式（1）中 a 为公共设施权重；L 为公共设施到基地距离；d 为公共服务设施服务半径。公式（2）中 D_{max} 为商业与地块最大距离；D_i 为地块与商业距离。公式（3）中 S 为基地周边标准距离灾害点数量；d 为标准面积。建筑因素中，优秀——20 世纪 90 年代后修建，或保存完好的房屋；良好——20 世纪 70—80 年代修建，或需要进行简单维修的房屋；一般——20 世纪 60—70 年代修建，或需要进行部分改造的房屋；差——20 世纪 60 年代前修建，或损坏严重无法使用的房屋。

驱动力层级主要来自社会因素和区位因素，由公共服务设施可达性、人口分布、公共交通覆盖、商业集聚度等组成。其中，公共服务设施是指场地周边提供公共产品和服务的设施，主要包括教育、社会保障、公共文化体育以及行政管理等配套设施；人口分布是指矿业废弃地所在行政镇或街道办事处的人口密度；由于京西矿区的公共交通以公交车为主，因此以矿业废弃地距公交车站距离代表公共交通覆盖情况；商业集聚度的计算仍借鉴刘春凤等对北京八达岭长城旅游区经济影响域的研究[30]，取 2.8 km 为商业服务的辐射最佳影响半径。

状态层级由场地生态因素和场地建筑因素共同组成。生态因素重点考虑地形坡度对居住用地的适宜程度、地质灾害的风险程度以及场地重金属污染程度，以确保居民的人身健康。建筑因素中建筑结构可实施性指标，主要指的是矿业废弃地上旧工业建筑、厂房以及办公辅助建筑的可再利用程度。本书研究的 8 个矿业废弃地属于矿业废弃工业广场，场地上均不同程度地保留着废弃建筑。这些废旧建筑的结构和空间为容纳新的功能提供了便利条件。合理地利用废旧建筑既可以缩短建设周期、节约建设成本，也有利于保存矿业文化遗产，甚至还可以成为区域和城市的景观“标志物”。

5.3.3 公园游憩类土地功能置换评价指标确定

矿业废弃地置换为公园游憩用地是近年来的主要发展趋势，也是京西矿区建设“生态涵养发展区”的具体途径，有利于补充北京近郊短途旅游资源，承载市民的休闲游憩需求。在置换为公园游憩用地的评价体系（表 5.3）中，在现有研究基础上，依据《公园设计规范》（GB 51192—2016），从商业服务可达性、公共交通覆盖、距道路距离、文化旅游集聚度、植被覆盖度、地形坡度、地质灾害风险度、景观优美度、历史文化价值和科学教育价值等 10 个方面选取评价指标。

表 5.3 矿业废弃地置换为公园游憩用地的适宜性评价指标和分级赋值

Tab. 5.3 Suitability evaluation system and criteria of AML transforming to park lots

类型	目标	因素	指标	计算说明（单位）	Ⅰ	Ⅱ	Ⅲ	Ⅳ
公园游憩用地	驱动力	社会经济因素	商业服务可达性	同公式（1）	(3,4]	(2,3]	(1,2]	(0,1]
			文化旅游集聚度	同公式（2）	(85,100]	(75,85]	(60,75]	(0,60]
		区位因素	公共交通覆盖	距公交车站距离（km）	(0,0.5]	(0.5,1]	(1,2]	(2, 3]
			距道路距离	距主要道路距离（km）	(0,0.5]	(0.5,1]	(1,1.5]	(1.5,2]
	状态	生态因素	植被覆盖度	植被指数（NDVI）	(85,100]	(65,85]	(45,65]	(0,45]
			地形坡度	坡度	(0,3]	(3,7]	(7,15]	(15,30]
			地质灾害风险度	同公式（3）	(0,0.05]	(0.05,0.1]	(0.1, 1]	(1, 3]
			景观优美度	$D=\sum_{i=1}^{n} C_{if}(L_n-L_a)$（4）	(4, 8]	(2,4]	(1,2]	(0,1]
		文化因素	历史文化价值	矿业历史文化特色	很高	高	一般	不明显
			科学教育价值	矿业科普教育价值	很高	高	一般	不明显

注：公式（4）中，C 为山水环境权重；L 为山水环境到基地距离；L_a 为感知不敏感距离。

驱动力层级来自社会经济因素和区位因素，由商业服务可达性、文化旅游集聚度、公共交通覆盖和距道路距离等组成。其中，距道路距离是指矿业废弃地距主要道路的距离。状态层级由生态因素和文化因素共同组成。生态因素重点考虑场地植被覆盖度、地形坡度、地质灾害风险度和景观优美度，目的是尽量选择生态适宜性较高的场地作为公园游憩用地。文化因素由历史文化价值和科学教育价值组成，是指矿业废弃地自身的矿业文化独特性，也是休闲旅游竞争力的体现。

5.3.4　科研办公类土地功能置换评价指标确定

在置换为科研办公用地的评价体系（表 5.4）中，重点考察的是周边环境的商业服务完善程度和交通区位便捷条件，以及场地自身的适宜程度。依据《民用建筑设计通则》（GB 50352—2005）等，从商业服务可达性、人口分布、公共交通覆盖、与主要公路距离、地质灾害风险度、地形坡度、地质条件、结构可实施性等 8 个方面选取评价指标。

表 5.4　矿业废弃地置换为科研办公用地的适宜性评价指标和分级赋值

Tab. 5.4　Suitability evaluation system and criteria of AML transforming to office land

类型	目标	因素	指标	计算说明（单位）	Ⅰ	Ⅱ	Ⅲ	Ⅳ
科研办公用地	驱动力	社会因素	商业服务可达性	同公式（1）	(3, 4]	(2,3]	(1,2]	(0,1]
			人口分布	2016 镇人口密度（人/km²）	(900, 1 200]	(400, 900]	(100, 400]	(0,100]
		区位因素	公共交通覆盖	距公交车站距离（km）	(0,0.5]	(0.5,1]	(1,2]	(2,3]
			与主要公路距离	距主要道路距离（km）	(0,0.5]	(0.5,1]	(1,1.5]	(1.5,3]

续表

类型	目标	因素	指标	计算说明（单位）	Ⅰ	Ⅱ	Ⅲ	Ⅳ
科研办公用地	状态	生态因素	地质灾害风险度	同公式（3）	(0, 0.05]	(0.05, 0.1]	(0.1, 1]	(1, 3]
			地形坡度	坡度	(0,5]	(5,8]	(8,15]	(15, 30]
			地质条件	实测土壤质地	壤质	砂壤质	黏壤质	细粉砂质
		建筑	结构可实施性	现有建筑质量	优秀	良好	一般	较差

5.3.5 商业服务类土地功能置换评价指标确定

商业服务用地评价体系指标是指矿业废弃地用于餐饮、住宿等商业服务功能的潜力。依据《民用建筑设计通则》（GB 50352—2005）等，从人口分布、商业集聚度、公共交通覆盖、距区中心距离、地形坡度、地质灾害风险度、地质条件、结构可实施性等 8 个方面选取评价指标（表 5.5）。

表 5.5　矿业废弃地转型为商业服务用地的适宜性评价指标和分级赋值

Tab. 5.5　Suitability evaluation system and criteria of AML transforming to commercial land

类型	目标	因素	指标	计算说明（单位）	Ⅰ	Ⅱ	Ⅲ	Ⅳ
商业服务用地	驱动力	社会经济	人口分布	2016 镇人口密度（人 /km^2）	(900,1 200]	(400,900]	(100,400]	(0,100]
			商业集聚度	同公式（2）	(85,100]	(75,85]	(60,75]	(0,60]
		区位因素	公共交通覆盖	距公交车站距离（km）	(0,0.5]	(0.5,1]	(1,2]	(2,3]
			距区中心距离	距区政府距离（km）	(0,40]	(40,55]	(55,70]	(70,100]
	状态	生态因素	地形坡度	坡度	(0,5]	(5,15]	(15,25]	(25, 35]
			地质灾害风险度	同公式（3）	(0, 0.05]	(0.05, 0.1]	(0.1, 1]	(1, 3]
			地质条件	实测土壤质地	壤质	砂壤质	黏壤质	细粉砂质
		建筑	结构可实施性	现有建筑质量	优秀	良好	一般	较差

5.4 京西矿区矿业废弃地土地功能置换决策

本书对京西矿区 8 个矿业废弃地置换为住宅用地、公园游憩用地、科研办公用地、商业服务用地 4 种方案，从经典域和节域确定、物元模型构建、关联度计算、物元特征权重计算 4 个方面出发，进行综合决策分析，具体如下。

5.4.1 经典域和节域的确定

由于各评价指标的度量单位、数量级和内在属性存在差异，无法直接进行比较评价，需要对所有指标进行标准化处理，消除量纲和数量级差别的影响。对评价指标的分级判定标准进行标准化和无量纲化处理，得到功能置换评价体系的经典域和节域，为构建可拓评价模型提供数据基础，具体结果如表 5.6 至表 5.9 所示。

表 5.6 矿业废弃地置换为住宅用地的适宜性评价体系经典域和节域

Tab. 5.6 Classical field and joint domain of evaluation of AML transforming to residential lots

类型	评价指标	经典域				节域
		I	II	III	IV	
住宅用地	公共服务设施可达性	(0.4,1]	(0.2,0.4]	(0.1,0.2]	(0,0.1]	0～1
	人口分布	(0.75,1]	(0.33,0.75]	(0.08,0.33]	(0,0.08]	0～1
	公共交通覆盖	(0,0.17]	(0.17,0.33]	(0.33,0.67]	(0.67,1]	0～1
	商业集聚度	(0.85,1]	(0.75,0.85]	(0.6,0.75]	(0,0.6]	0～1
	地形坡度	(0,0.17]	(0.17,0.5]	(0.5,0.83]	(0.83,1]	0～1
	地质灾害风险度	(0,0.025]	(0.025,0.05]	(0.05,0.5]	(0.5,1]	0～1
	重金属污染度	(0,0.15]	(0.15,0.3]	(0.3,0.6]	(0.6,1]	0～1
	结构可实施性	(0,0.25]	(0.25,0.5]	(0.5,0.75]	(0.75,1]	0～1

表 5.7 矿业废弃地置换为公园游憩用地的适宜性评价体系经典域和节域

Tab. 5.7 Classical field and joint domain of evaluation of AML transforming to park lots

类型	评价指标	经典域				节域
		I	II	III	IV	
公园游憩用地	商业服务可达性	(0.75,1]	(0.5,0.75]	(0.25,0.5]	(0,0.25]	0～1
	公共交通覆盖	(0,0.17]	(0.17,0.33]	(0.33,0.67]	(0.67,1]	0～1
	距道路距离	(0,0.17]	(0.17,0.33]	(0.33,0.5]	(0.5,1]	0～1
	文化旅游集聚度	(0.85,1]	(0.75,0.85]	(0.6,0.75]	(0,0.6]	0～1
	植被覆盖度	(0.85,1]	(0.65,0.85]	(0.45,0.65]	(0,0.45]	0～1
	地形坡度	(0,0.17]	(0.17,0.5]	(0.5,0.83]	(0.83,1]	0～1
	地质灾害风险度	(0,0.025]	(0.025,0.05]	(0.05,0.5]	(0.5,1]	0～1
	景观优美度	(0.5,1]	(0.25,0.5]	(0.125,0.25]	(0,0.125]	0～1
	历史文化价值	(0.75,1]	(0.5,0.75]	(0.25,0.5]	(0,0.25]	0～1
	科学教育价值	(0.75,1]	(0.5,0.75]	(0.25,0.5]	(0,0.25]	0～1

表 5.8 矿业废弃地置换为科研办公用地的适宜性评价体系经典域和节域

Tab. 5.8 Classical field and joint domain of evaluation of AML transforming to office land

类型	评价指标	经典域				节域
		I	II	III	IV	
科研办公用地	商业服务可达性	(0.75,1]	(0.5,0.75]	(0.25,0.5]	(0,0.25]	0～1
	人口分布	(0.75,1]	(0.33,0.75]	(0.08,0.33]	(0,0.08]	0～1
	公共交通覆盖	(0,0.17]	(0.17,0.33]	(0.33,0.67]	(0.67,1]	0～1
	与主要公路距离	(0,0.17]	(0.17,0.33]	(0.33,0.5]	(0.5,1]	0～1
	地质灾害风险度	(0,0.025]	(0.025,0.05]	(0.05,0.5]	(0.5,1]	0～1
	地形坡度	(0,0.17]	(0.17,0.5]	(0.5,0.83]	(0.83,1]	0～1
	地质条件	(0,0.25]	(0.25,0.5]	(0.5,0.75]	(0.75,1]	0～1
	结构可实施性	(0,0.25]	(0.25,0.5]	(0.5,0.75]	(0.75,1]	0～1

表 5.9 矿业废弃地置换为商业服务用地的适宜性评价体系经典域和节域

Tab. 5.9 Classical field and joint domain of evaluation of AML transforming to commercial land

类型	评价指标	经典域				节域
		I	II	III	IV	
商业服务用地	人口分布	(0.75,1]	(0.33,0.75]	(0.08,0.33]	(0,0.08]	0～1
	公共交通覆盖	(0,0.17]	(0.17,0.33]	(0.33,0.67]	(0.67,1]	0～1
	商业集聚度	(0.85,1]	(0.75,0.85]	(0.6,0.75]	(0,0.6]	0～1
	距区中心距离	(0,0.4]	(0.4,0.55]	(0.55,0.7]	(0.7,1]	0～1
	地形坡度	(0,0.17]	(0.17,0.5]	(0.5,0.83]	(0.83,1]	0～1
	地质灾害风险度	(0,0.025]	(0.025,0.05]	(0.05,0.5]	(0.5,1]	0～1
	地质条件	(0,0.25]	(0.25,0.5]	(0.5,0.75]	(0.75,1]	0～1
	结构可实施性	(0,0.25]	(0.25,0.5]	(0.5,0.75]	(0.75,1]	0～1

5.4.2 物元模型建立

将各矿业废弃地实测数据代入再开发适宜性评价物元模型，则有：

$$R_0=(P_0,c_n,y_n)=\begin{bmatrix} P_0 & \text{公共服务设施} & 0.49 \\ & \text{公共交通覆盖} & 129 \\ & \vdots & \vdots \\ & \text{结构可实施性} & 5.5 \end{bmatrix} \tag{5.9}$$

5.4.3 关联度计算

关联度的差异性有助于寻找最优决策方案，并提出具体的、针对性的措施。对于同一矿业废弃地，不同评价指标的判定级别不同，对评价结果的影响也不尽相同。通过关联度值可以直观看出各指标对最终结果的影响程度。根据公式（5.6）计算得到各等级评价指标关联度。关联度越大，代表实测数据与该评价等级贴合度越高。

5.4.4 确定物元特征权重

根据式（5.6）～式（5.8），采用改进的 AHP 层次分析法构建关联度矩阵，排序后计算再开发适宜性评价指标权重。根据评价体系和评价指标特点，采用改进的 AHP 层次分析法以及 Matlab 软件的 [V,D]=eig（A）命令求矩阵的全部特征值，进而得到指标权重。

5.5 综合决策分析

基于构建的评价体系和可拓决策模型，对各土地功能置换结果进行标准化处理，比较各矿业废弃地再生功能置换方案，采用关联度最大原则，计算后得到各矿业废弃地功能置换方案评价结果，进行综合决策分析（表 5.10）。

表 5.10 京西矿区矿业废弃地土地功能置换方案综合决策分析

Tab. 5.10 Decision analysis of AML land function replacement projects in Jingxi mine

矿业废弃地	置换功能	综合适宜度 m				评价结果
		Ⅰ	Ⅱ	Ⅲ	Ⅳ	
千军台煤矿	住宅	0.40	0.43	0.54	0.33	Ⅲ
	公园游憩	0.73	0.45	0.19	0.21	Ⅰ
	科研办公	0.45	0.57	0.58	0.32	Ⅲ
	商业服务	0.25	0.72	0.69	0.22	Ⅱ
木城涧煤矿	住宅	0.45	0.46	0.53	0.34	Ⅲ
	公园游憩	0.76	0.53	0.29	0.23	Ⅰ
	科研办公	0.67	0.81	0.29	0.22	Ⅱ
	商业服务	0.60	0.55	0.37	0.22	Ⅰ

续表

矿业废弃地	置换功能	综合适宜度 m				评价结果
		Ⅰ	Ⅱ	Ⅲ	Ⅳ	
王平镇煤矿	住宅	0.62	0.78	0.35	0.08	Ⅱ
	公园游憩	0.53	0.72	0.43	0.15	Ⅱ
	科研办公	0.71	0.65	0.27	0.08	Ⅰ
	商业服务	0.85	0.56	0.13	0.03	Ⅰ
大安山煤矿	住宅	0.79	0.60	0.29	0.16	Ⅰ
	公园游憩	0.49	0.52	0.47	0.27	Ⅱ
	科研办公	0.62	0.52	0.26	0.17	Ⅰ
	商业服务	0.67	0.51	0.33	0.14	Ⅰ
长沟峪煤矿	住宅	0.83	0.54	0.16	0.05	Ⅰ
	公园游憩	0.48	0.60	0.47	0.32	Ⅱ
	科研办公	0.91	0.72	0.08	0.05	Ⅰ
	商业服务	0.97	0.59	0.03	0.01	Ⅰ
花坡根煤矿	住宅	0.62	0.78	0.35	0.08	Ⅱ
	公园游憩	0.85	0.72	0.43	0.15	Ⅰ
	科研办公	0.42	0.46	0.51	0.39	Ⅲ
	商业服务	0.65	0.56	0.13	0.03	Ⅰ
安家滩煤矿	住宅	0.25	0.34	0.56	0.44	Ⅲ
	公园游憩	0.82	0.66	0.54	0.37	Ⅰ
	科研办公	0.42	0.33	0.43	0.54	Ⅳ
	商业服务	0.61	0.56	0.35	0.15	Ⅰ
大台煤矿	住宅	0.67	0.31	0.32	0.22	Ⅰ
	公园游憩	0.81	0.39	0.15	0.11	Ⅰ
	科研办公	0.87	0.38	0.16	0.17	Ⅰ
	商业服务	0.80	0.43	0.14	0.08	Ⅰ

其中，千军台煤矿置换为公园游憩用地（0.73）的适宜度为Ⅰ级；置换为商业服务用地（0.72）的适宜度为Ⅱ级；置换为住宅用地（0.54）和科研办公用地（0.58）

的适宜度为Ⅲ级。这是由于千军台文化旅游集聚度和建筑历史文化价值相对较高。因此，千军台煤矿应优先考虑置换为公园游憩用地，其次是商业服务用地。

木城涧煤矿置换为公园游憩用地（0.76）和商业服务用地（0.60）的适宜度为Ⅰ级；置换为科研办公用地（0.81）的适宜度为Ⅱ级；置换为住宅用地（0.53）的适宜度为Ⅲ级。这是由于木城涧公共交通覆盖情况较好，科学教育价值和土壤质地较高。由于门头沟区规划定位为生态涵养发展区，优先考虑将木城涧煤矿置换为公园游憩用地，其次是商业服务用地和科研办公用地。

王平镇煤矿置换为商业服务用地（0.85）和科研办公用地（0.71）的适宜度为Ⅰ级；置换为住宅用地（0.78）和公园游憩用地（0.72）的适宜度为Ⅱ级。这是由于王平镇人口分布指标在 8 个地块中最高，具有较高的商业活力。因此，优先考虑将王平镇煤矿置换为商业服务用地，其次是科研办公、公园游憩和住宅用地。

大安山煤矿置换为住宅用地（0.79）、科研办公用地（0.62）和商业服务用地（0.67）的适宜度为Ⅰ级；置换为公园游憩用地（0.52）的适宜度为Ⅱ级。这是由于大安山公共交通情况较好。基于北京市大力发展养老产业的趋势，优先考虑将大安山煤矿置换为住宅用地，其次是商业服务、公园游憩和科研办公用地。

长沟峪煤矿置换为住宅用地（0.83）、科研办公用地（0.91）和商业服务用地（0.97）的适宜度为Ⅰ级；置换为公园游憩用地（0.60）的适宜度为Ⅱ级。这是由于长沟峪地理区位情况较好，适合多种土地功能置换模式，可以根据开发需求进行功能置换决策。

花坡根煤矿置换为公园游憩用地（0.85）和商业服务用地（0.65）的适宜度为Ⅰ级；置换为住宅用地（0.78）的适宜度为Ⅱ级；置换为科研办公用地（0.51）的适宜度为Ⅲ级。这是由于花坡根煤矿交通相对较不便利、场地建筑损毁严重且具有泥石流危险等，优先考虑将花坡根煤矿以生态修复的形式进行生态治理，后期再结合治理情况进行功能开发。

安家滩煤矿距离花坡根不远，区位条件、地质条件和场地现状接近，因此，也优先考虑生态治理的土地利用模式，作为储备用地待后期深入开发。

大台煤矿从区位、地质条件、场地现状等，均表现出了较为优质的场地基础，因此，评价结果显示对四种功能置换模式均适用，适宜度均为Ⅰ级。但从京西矿区整体来看，大台煤矿位于国道旁边，串联王平镇以及木城涧等煤矿，是矿业废弃地系统的重要功能节点，且具有保存完好的地下空间，因此基于大台土地利用规划定位，将大台煤矿定位为科研办公综合性质用地。

6　北京京西矿区矿业废弃地再生规划实证研究[1]

- 京西矿区概况
- 京西矿区矿业废弃地 SWOT 分析
- 京西矿区矿业废弃地再生规划目标
- 研究区矿业废弃地再生规划依据
- 京西矿区再生利用规划策略
- 典型个案——王平镇矿业废弃地规划设计方案

6

1　本书规划设计方案完成于 2018 年。2022 年，北京市规划和自然资源委员会批复了门头沟区王平镇王平矿规划综合实施方案，确定了“一线四矿”的规划综合实施方案，批复的方案和本书规划设计方向大致一致，也侧面证明了本书方案的合理性。

6.1 京西矿区概况

6.1.1 历史沿革

北京是世界各国首都中为数不多的拥有煤炭工业历史的城市。京西矿区位于北京近郊，矿业开采历史悠久，有煤业“发轫于辽金以前，滥觞于元明之后”一说。历史上的京西矿区是中国著名的皇家官窑，拥有近千年的开采历史，是极具特色的非物质文化遗产。作为十大煤矿生产基地之一，京西矿区为推动首都经济发展起到了重要的作用。然而，随着首都功能定位调整，京西矿区正逐步关闭，退出历史舞台。《北京城市总体规划（2016 年—2035 年）》指出，打造生态涵养发展区和城市开发新区是门头沟区和房山区新的发展主题。统筹规划矿业废弃地，通过矿业废弃地再生促进矿区生态修复和城市修补，实现“精明型”转型升级是京西地区的首要任务。

6.1.1.1 区位和交通

京西矿区分布在北京近郊，是北京永定河段的上游核心区，距门头沟区政府直线距离约 10 km，距市中心（天安门）距离不足 50 km，地理位置优越，交通系统发达。研究涉及的 7 大矿业废弃地中，王平镇煤矿、花坡根煤矿和安家滩煤矿位于门头沟区王平镇；大台煤矿、木城涧煤矿和千军台煤矿位于门头沟区大台办事处；大安山煤矿位于房山区大安山乡（图 6.1）。京西矿区的西面与承担生产涵养功能的雁翅等深山区乡镇连接，东面和承担农业、旅游生态经济发展功能的妙峰山等浅山区乡镇联系，是沟通深山、连接浅山的重要节点，对北京西部发挥生态源地和生态屏障功能起着承上启下的重要作用。有效地利用京西矿区矿业废弃地可缓解北京土地资源压力，带动区域经济发展，实现“城市双修”目标。

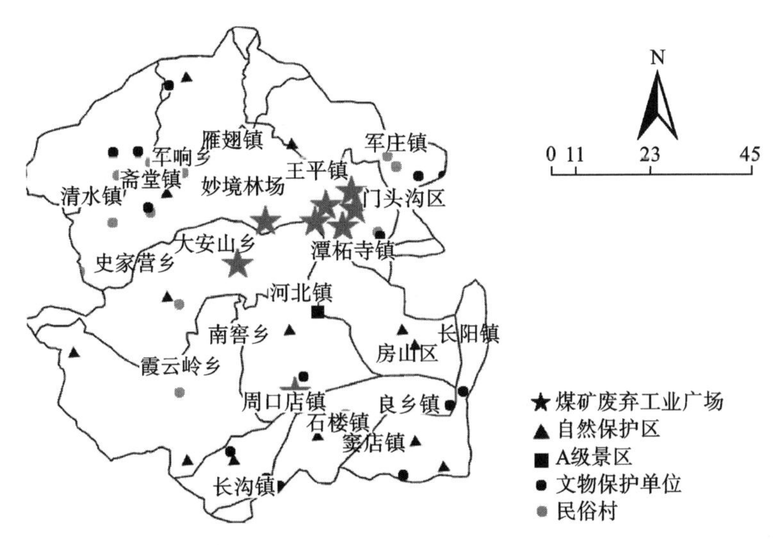

图 6.1 京西矿区矿业废弃地分布示意

Fig. 6.1 Spatial distribution of AML at Jingxi mine

交通路网发达是京西矿区的显著特点。公路运输方面，王平镇煤矿、大台煤矿、木城涧煤矿和千军台煤矿可以通过 G109 国道、S209 省道和 X004 县道与门头沟新城连接，大安山煤矿也可通过 G108 国道和 X209 县道接通至门头沟城区。各大煤矿也都有直通门头沟新城的公共交通。铁路交通方面，大台线[1]和丰沙线两条铁路经过京西矿区，大台站、木城涧站、清水涧站、落坡岭站、安家庄站、色树坟站等火车站点将各矿业废弃地连成一串。公交开通之前，京西矿区人民主要乘坐火车出行。城市轨道交通方面，地铁 S1 线在门头沟石门营地区设置站点，将进一步加强京西矿区与北京中心城区的联系。值得指出的是，大安山煤矿、木城涧煤矿、大台煤矿、千军台煤矿等各大煤矿不仅地上相连，而且地下相通。

6.1.1.2 地质条件

京西煤矿属侏罗纪煤系。受中生代燕山造山运动和喜马拉雅运动影响，京西矿

1 大台线，也称京门铁路、京门支线，是京张铁路的辅助铁路，由詹天佑在 1906 年主持建造。

区形成多个连续或不连续的短轴向斜构造[1]。京西煤矿开采煤种多为无烟煤，属于低沼泽矿井，没有煤尘爆炸和自燃发火危险。

其中，大台煤矿位于髫髻山向斜南侧，地处中高山区，属急倾斜（60°～90°）单斜构造，煤层构造较为简单，属Ⅲ类地质。大台煤矿属裂隙含水层型，水文地质条件中等，矿井水总产量 564 万米³/ 年。木城涧煤矿位于髫髻山向斜南侧，地处中高山区，属单斜构造，煤层构造较为简单，属Ⅳ类地质。矿井水总产量 60.4 万米³/ 年。雨季期间，矿井水成倍增加。千军台煤矿位于髫髻山向斜中段，倾角变化较大，矿井水总产量 155.6 万米³/ 年，属Ⅳ类地质。王平镇煤矿位于髫髻山和九龙山向斜过渡地带，背斜北侧倾角陡，轴部及南侧缓，属Ⅳ类地质。大安山煤矿属于门头沟煤系，位于中高山区，水文地质条件较简单，矿井水总产量 117 万米³/ 年，属Ⅴ类地质。

6.1.1.3 气候特征

京西矿区属于中纬度大陆性季风气候，夏季高温多雨，冬季寒冷干燥，冬季寒冷而漫长是京西矿区气候的一大特征。春秋季节，区内风、霜频繁，年平均风速为 2.7 米 / 秒，8 级以上大风达 21 次，年平均无霜期 200 天左右。年平均日照 2 470 小时，日照时数较多。年平均气温 11.3 ℃。受中纬度大气环流的不稳定和季风影响，降水量自东向西逐渐减少，降水量年际变化大，年平均降水量约 600 mm，年均径流 135.5 mm。山地区域负氧离子含量丰富，是消夏避暑的“天然氧吧”。

6.1.1.4 资源环境

京西矿区矿产资源丰富，据有关部门统计，除煤矿外，已探明的主要矿藏还包括石灰石、玄武岩、大理石、花岗石、玉石、叶蜡石、金、银、石棉、铁、铜、耐

1 引自《北京志・工业卷・煤炭工业志》。

水黏土等 20 多种，矿产地 70 余处。具有代表性的煤炭、石灰石和砂石开采为北京的现代化建设起到了极其重要的作用。其中，潭柘紫石是北京地区特有的古老岩种。故宫太和殿宝座的基石和乾隆花园的九根石柱都使用了门头沟紫石。

京西矿区生物种类丰富，植物种类繁多。有高等植物 1 100 余种，分属 135 科 485 属。森林乔木树种以洋槐、侧柏、山杨、油松、桦树等居多；散生乔木以山杏、香椿、山核桃分布最广。灌木则有荆条、酸枣、绣线菊、胡枝子、榛子等。在果树品种中，干果以核桃、杏仁为主；鲜果以苹果、梨、柿子、杏、红果、樱桃为主。京白梨、火村红杏、灵水核桃、陇驾庄盖柿是京西矿区特产，近年樱桃沟的大樱桃更是远近闻名。此外，妙峰山的“金顶玫瑰花”以朵大、瓣厚、味香、含油率高远近闻名。动物资源中，虽有豺、狼、豹和野猪等野生动物，但数量较少。

6.1.1.5 历史文化

京西矿区所在地是北京自然历史风光和煤矿文化遗产集中分布区，拥有 80 余处 A 级景区、民俗文化村和市级文物保护单位。主要历史文化景点有“三山（灵山、百花山、妙峰山）、两寺（潭柘寺、戒台寺）、一涧（龙门涧）、一湖（珍珠湖）、一河（永定河）”。除此以外，北魏长城遗迹、京西“十里八桥”古道、庄户幡会等历史文化遗产也为京西矿区增添了浓厚的历史文化色彩。龙泉镇的琉璃渠村，斋堂镇的爨底下村、灵水村和西胡林村，以及王平镇的东石古岩村等，共有 12 个村落列入中国传统村落名录。京西矿区背山靠水，依托得天独厚的自然资源分布着大量农业观光园和生态养殖园。据统计，京西矿区共有 26 个休闲农业观光园入选北京市休闲农业星级园区（2014—2016 年）。

众多历史文化资源中，京西古道始修于南北朝时期，其规模在明清时期达到鼎盛，是古时运煤驼队进入京城的必经之路，承担着京西地区商旅、军事、宗教进香等交通联络功能，是现今京西矿区最具代表性的矿业文化遗产（图 6.2）。元代著名散曲大家马致远的《天净沙·秋思》中的“古道西风瘦马”便是对京西古道的描述。京西古道由北京向西，穿越山岭、横跨沟谷，以“西山大路”为主干线，连接着芦潭古道（南道）、玉河古道（中道）、西山大道（北道）及各个支路。其中的王平古道紧邻王平镇煤矿、安家滩煤矿和花坡根煤矿，有学者认为王平镇韭园村是北道的起点。京西古道是京西矿业文明兴盛一时的历史见证，承载着厚重的历史文化信息。

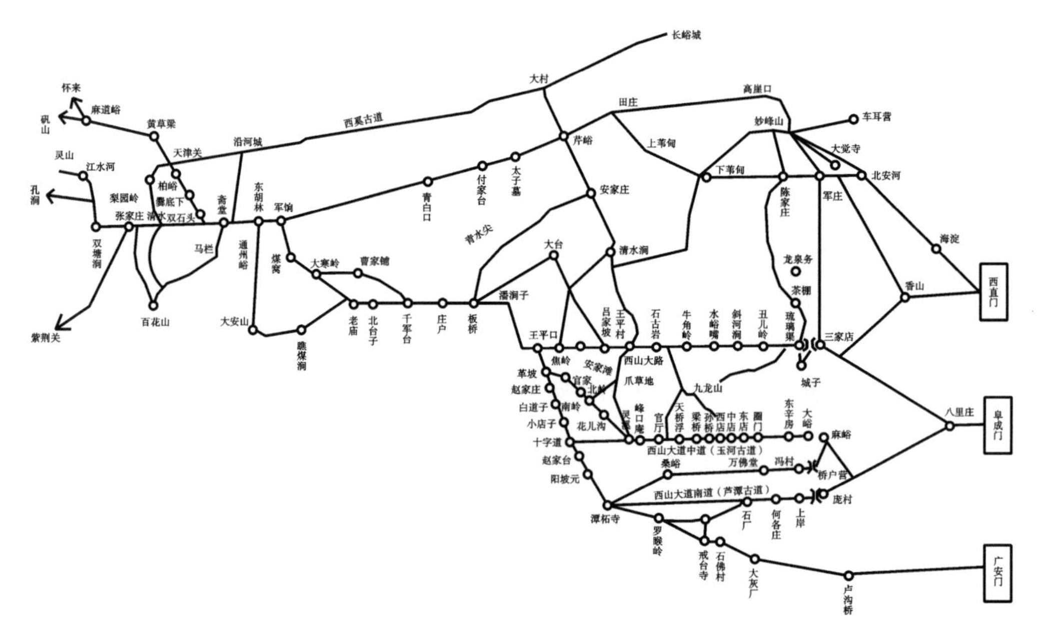

图 6.2　京西古道分布图

Fig. 6.2　Distribution diagram of Jingxi road

来源：百度

6.1.2　京西矿区的代表性和典型性

北京是中国首都，属于特大型综合性城市。京西矿区主要由门头沟区和房山区组成，是北京重要的组成部分。选取京西矿区作为个案研究的原因具体如下：

首先，京西矿区是当代中国矿业发展现状的缩影。京西矿区以煤矿开采为主要支撑产业，属于典型的国有煤矿。而中国是煤矿开采大国，煤矿废弃地分布广泛、数量庞大。京西矿区矿业废弃地再生利用规划对研究中国矿业转型升级具有重要的科学指导价值。

其次，京西矿区具有重要的矿业历史人文价值，提出科学、合理的矿业废弃地再生规划方案对传承矿业历史文化具有重要的现实意义和示范意义。京西矿区拥有近千年开采历史，是极具特色的非物质文化遗产，也是矿业文化的典型代表。京西矿区现正逐步退出历史舞台，京西古道、马致远故居、庄户幡会等历史悠久、形式多样的特色文化遗存也正随着矿区的衰退而消失，保护传承京西矿业文化刻不容缓。

再次，京西矿区风景优美、自然资源丰富，拥有 80 余个 A 级景区、民俗文化村和市级文物保护单位，以及大量农业观光园和生态养殖园。京西矿区距北京市中心不足 50 km，转型升级后可以弥补北京高端旅游资源短缺现状，满足首都居民需求，使首都更加宜居。

最后，首都北京是中国“大城市病”的典型代表，“城市双修”任务重、时间紧。京西矿区能够较好地反映矿业废弃地在一般综合性城市的“城市双修”中所面临的机遇和挑战，对研究“城市双修”视角下的矿业废弃地再生规划具有典型性和代表性。

本研究以仍保留工业设施的 8 个煤矿工业广场为研究对象（京西煤矿在 2020 年前全部关闭退出，本书所指矿业废弃地包括大台煤矿、木城涧煤矿、千军台煤矿、安家滩煤矿、花坡根煤矿、大安山煤矿、长沟峪煤矿和王平镇煤矿），研究范围涉及王平镇、大安山、史家营、周口店等 4 个乡镇和大台办事处（图 6.1）。由于长沟峪煤矿距离其他煤矿较远，在前文再生利用时序和土地功能置换方面进行具体分析，但在本章规划设计中不作考虑。规划设计以其他 7 个矿业废弃地为例，在前文确定了矿业废弃地再生利用时序和土地功能置换类型的基础上，进行实证研究和方案设计。

6.2 京西矿区矿业废弃地 SWOT 分析

SWOT（strength - weakness - opportunity - threat）分析也称态势分析，最早由美国韦里克（H. Weihrich）教授提出，用于项目开发、企业营销决策等领域，在管理学界得到广泛应用。SWOT 是通过分析识别研究对象的主要内部优势因子、劣势因子和外部机遇因子、威胁因子，采用矩阵的形态进行组合排列，进而进行战略选择和提出相应对策的方法。SWOT 分析法有助于对复杂环境进行相对清晰、客观的认识，较广泛地应用于城市规划中。

“城市双修”视角下矿业废弃地再生规划的发展目标相对清晰明确，以生态修复、城市修补为主要目标，可采用 SWOT 分析法有针对性地、系统地对矿业废弃地及周边环境的优势、劣势、机遇、挑战等影响因素进行具体分析，生成相应的战略决策和规划对策。本书采用袁牧提出的 SWOT 交叉分析战术法，对京西矿区矿业废弃地的影响因素进行归纳总结（图 6.3、图 6.4），具体如下。

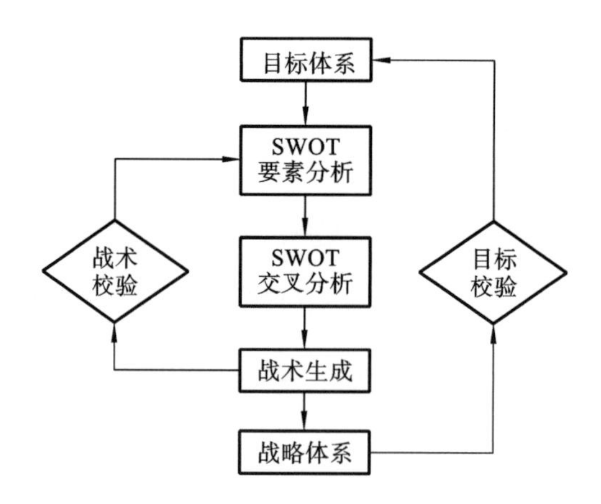

图 6.3　SWOT 分析法流程

Fig. 6.3　SWOT analysis process

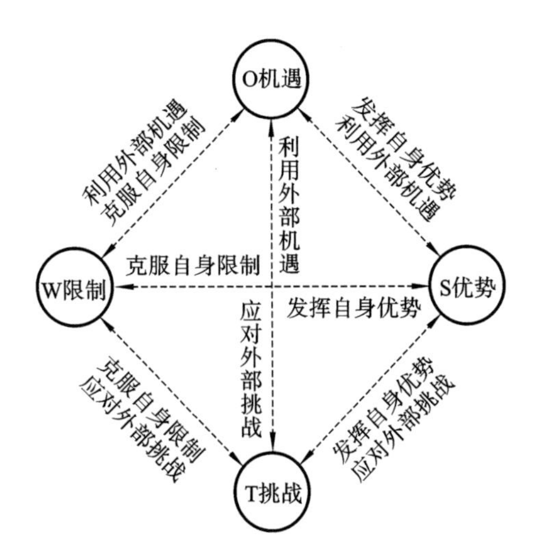

图 6.4　SWOT 要素归纳示意

Fig. 6.4　SWOT factor analysis

6.2.1　内部优势（S）分析

6.2.1.1　功能结构优势

各级别、类型的土地利用总体规划为京西矿区土地利用定下明确发展方向，京西矿区现有功能结构与土地利用发展方向基本吻合，有利于京西矿区制定矿业废弃地再生发展规划。根据《北京城市总体规划（2016 年—2035 年）》，京西矿区的发展定位为生态涵养发展区。

6.2.1.2　空间结构优势

京西矿区城市空间布局与矿产资源开发密切相关，矿业废弃地及周边环境在基础设施配置、景观独特性、空间资源基础等方面对“城市双修”存在一定的空间优势。首先，矿业废弃地周边形成若干个矿区中心居民点，基础设施、公共交通等基本服务设施相对区域内其他乡镇农村较为完善。例如，大台办事处设有文化体育中心，王平镇设有两座医院、三所学校，服务设施相对完善。其次，矿业废弃地具有较强烈的空间个性特征，进行生态修复和功能修补后可以使城市空间具有一定美学独特性，增加地区竞争力。最后，刚刚关停的煤矿（大台、木城涧、长沟峪、千军台、大安山）地上和地下空间保存完整，尤其是地下巷道、硐室保存完好，无涌水、突气等安全问题，为未来盘活地上和地下资源提供了较好的空间资源基础。

6.2.1.3　矿业历史文脉优势

京西矿区历史悠久，传统文化和矿业文化特色鲜明。自古以来京西矿区就是军事要塞重地，古道、古桥、古关、古墓、古树、古石刻等历史遗存丰富，著名的有如马致远故居、三义庙、牛角岭关城、武定刻石等人文旅游资源。京西矿区有近千年的煤矿历史文化，考古发现早在辽金之前就有烧瓷留下的煤渣。明清时期，“京城百万之家，皆以石炭为薪”，京西煤矿达到鼎盛。1862—1865 年清政府曾特意邀请美国专家庞培来考察京西煤矿。现今，仍能在京西矿区找到有关煤矿的碑刻诗歌。

6.2.1.4　生态环境资源优势

京西矿区矿业废弃地周边自然环境优美、生态资源丰富，旅游潜质好，后发优势不可低估。在矿业废弃地周边，除清凉界风景区、瓜草地冰瀑、京西十八潭等特色风景文化，还有韭园溶洞等多处尚未开发的自然景点。以王平镇为例，王平镇湿地生态修复示范区以矿井废水、生活中水和雨水为水源，形成了颇具特色的湿地景观。同时，按照北京市发展现代都市农业的总体思路，王平镇打造了一批新型农业观光生态园，韭园生态观光园、安家庄葡萄采摘园、韭园沟大樱桃以及西马各庄精品果园基地为打造特色精品农业小镇奠定了一定基础。目前，王平村共有市级民俗旅游村 2 家、区级民俗旅游村 1 家，每年生态旅游业综合收入近 500 万元，年接待游客 8 万余人次。

6.2.2 内部劣势（W）分析

6.2.2.1 空间结构分散，城市集聚效应不足

京西矿区位于城市周边的城郊接合部，受山地地形和矿产资源分布影响，相较于城市内部繁华地区，京西矿区居民集聚点分布过于分散，公共服务设施配套程度较低，城市建设水平仍待提高。管理上，城市和矿区各自为政，矿区呈现二元结构体制，缺乏宏观整体性发展规划，矿—城未能真正融为一体。规划上，京西矿区虽纳入门头沟、房山两区的总体土地利用规划中，但仍存在规划滞后、长期发展和短期开发存在冲突矛盾的问题。土地利用结构单一，功能分区破碎混乱，独立工矿用地规模过大。

6.2.2.2 经济规模较小，旅游知名度仍待提升

京西矿区以矿业开采为主要依托产业，其他产业（尤其是第三产业）经济规模过小，经济后期发展缺乏动力支撑。高精尖技术企业较少，科技人员比例和科技资金投入与市中心差距较大，人才吸引力不足。一、二产业的旅游业转化效能低下，缺乏有效衔接和拓展。

京西矿区生态产业和旅游产业还处于起步阶段，城市形象和风貌特色尚不明晰。和同类型的密云、延庆等北京其他远郊区相比，京西矿区的生态产业和旅游产业的发达程度及完善程度处于劣势。缺少大型精品旅游产业，旅游发展布局不尽合理，功能定位尚不清晰，与第一、第二产业的联动性较差。配套的综合商业服务设施相对匮乏，不少游客反映需要驱车 10 余公里才能找到吃饭地点。旅游产业未能形成组团，相对分散，特色民俗村发展缓慢。同时，受山地地形限制，可以用于开发旅游产业的土地资源匮乏，存量不足，土地盘活效应低。

6.2.2.3 现状与规划存在差异，综合服务功能尚未成型

根据北京市、门头沟区和房山区总体规划，京西矿区发展定位为生态涵养发展区和西部综合服务中心。矿区现状与生态涵养功能较符合，西部综合服务和发展功能尚比较匮乏。根据王平镇土地利用总体规划，王平镇仍缺乏商业综合服务功能，基础设施配套程度较低。根据大台街道办事处土地利用总体规划，目前大台文化旅游功能尚未形成，生态修复示范基地也待打造。

6.2.3 外部机遇（O）分析

6.2.3.1 首都核心功能定位为承接科技创新产业和文化创意产业提供机遇

根据《北京城市总体规划 (2016 年—2035 年)》，门头沟和房山作为京西的重要屏障，规划发展要注重结合中心城市科技创新、文化创意这一部分产业的转移。发展服务业，尤其是高端生产型服务业，是京西矿区空间价值提升、服务范围延伸的重要途径。通车的地铁 S1 号线和正在规划的地铁 R1 号线进一步加强京西矿区和城市核心区的联系。健全京西矿区交通规划网络，为发展生态经济和产业升级提供了交通保障基础。

6.2.3.2 旅游需求旺盛

需求是推动经济增长的核心动力。近年来，国内休闲度假消费需求日益旺盛，都市旅游者日益重视假日（包括周末）休闲旅游，回归自然的热情度高，对近郊旅游需求旺盛。北京虽开发了一定数量的近郊旅游，但仍缺少精品生态旅游服务产业，供不应求，潜在旅游消费人群需要前往河北等周边省份休闲度假。京西矿区的山水资源和特色矿业资源为打造精品生态旅游提供物质基础，山水资源也成为京西矿区

下一轮生态经济转型发展战略性资源。

6.2.3.3 国内地下资源开发利用方兴未艾

随着土地资源的日益紧缺，“向地球深部进军是我们必须解决的战略科技问题[1]”，地下资源综合利用是探寻缓解城市生存空间紧缺问题的新视角。京西矿区矿业废弃地拥有得天独厚的地下资源，可以为中国探索井下废弃空间再利用提供优质平台。目前，国内几乎没有地下资源开发利用实训基地或地下矿业科普基地，京西矿区地质构造和煤系地层构造复杂、形式多样，刚刚关停的矿业废弃地地下空间保存完好，开采设施未遭破坏，可以为建设地下矿业科研基地和矿业科普基地提供较好的空间基础。

6.2.4 外部发展挑战（T）分析

6.2.4.1 旅游产业竞争激烈

除门头沟和房山外，北京的平谷、怀柔、密云、延庆四个行政区的发展定位也是生态涵养发展区，也是北京市潜在消费人群休闲游憩的理想空间。各行政区均将旅游产业作为主导产业和支柱产业。密云的古北水镇，延庆的百里山水画廊、八达岭水关长城等知名度更高，对京西矿区矿业废弃地再生利用的潜在客源存在一定稀释作用。

6.2.4.2 矿业废弃地转型升级认可度有待验证

相较于传统生态经济，矿业废弃地转型升级为经济发展的新兴模式。非矿区公

---

1 引自习近平 2016 年 5 月 31 日在全国科技创新大会上的讲话。

众对矿业科普旅游基地的认可度仍待探讨和验证。通过调研问卷，不少潜在消费者提起矿区的第一反应为环境污染严重、易发安全事故，不敢轻易前往。同时，矿区经济水平的落后也使得矿业主题的旅游经济发展推广受到一定制约。

6.2.4.3 矿业废弃地再生前期投入高，资金来源较少

矿业废弃地土地破损严重，地表自然条件较差。塌陷地、矸石山等甚至存在安全隐患。转型再利用需经过土地复垦和安全评估，评估达标后，才能进一步开发利用。相较于其他土地类型，开发前期生态修复投入较高，开发时间较长。而目前矿业废弃地再利用资金来源较少，生态修复给当地政府带来财政压力。

6.2.5 SWOT 要素交叉分析

综合上述各要素分析，总结京西矿区矿业废弃地再生规划的自身优势、自身劣势和外部机会、外部挑战，对要素进行两两比较，分别提取发挥优势利用机会、发挥优势克服劣势、利用机会克服劣势、克服劣势消除威胁四种战术，提炼总结后归纳出“城市双修”视角下京西矿区矿业废弃地再生规划核心策略。主要策略如下：

- 结合土地利用规划，打造工矿特色产业基地、特色精品农业和综合服务业；
- 以自然资源和历史文化为依托，塑造矿区品牌形象，强化矿业景观特色；
- 大力发展生态旅游，尤其是矿业主题生态旅游业；
- 发展科技创新和文化创意产业，加强矿业废弃地地上地下空间资源利用；
- 利用土地存量空间，提高基础设施水平，鼓励社会资本引入。

6.3　京西矿区矿业废弃地再生规划目标

基于 SWOT 分析提出的京西矿区矿业废弃地优势、劣势、机遇和挑战影响因素，结合京西矿区矿业废弃地再生利用开发时序和土地功能置换决策结果，得出京西矿区矿业废弃地再生规划的总目标，即：

根据未来城市土地利用总体规划，按照生态涵养发展区的总定位要求，运用生态城市发展原理，将“城市双修”理念融入土地再生利用和空间结构布局，通过定性分析和定量计算，确定各矿业废弃地再开发时序，合理安排矿区需要修补的城市功能和需要修复的生态环境。修复破坏的山体、绿地和水体，完善城市空间功能，提升矿区基础设施水平和环境品质，增加矿区活力。结合地下空间开发，缓解地面土地资源压力，扩大土地空间容量，传承矿区特色历史文化，指导矿区经济转型升级等。综合上述分析，京西矿区矿业废弃地再生规划的总体目标可以归纳为“优化矿区空间格局，重塑山水人文和谐矿区”。

我国目前尚未形成矿业废弃地再利用方面的专项规划指导标准，也没有“城市双修”专项规划的编制规定，因此，基于前文各章研究成果，参考《关于加强生态修复城市修补工作的指导意见》（建规〔2017〕59 号），结合相关行业规范，对矿业废弃地再生规划的总体目标按城市修补目标和生态修复目标分解如下。

6.3.1　城市修补目标

基于“城市双修”理念，合理规划矿区土地空间结构，修补矿区功能结构网络，提升矿区人居环境品质。通过定性和定量分析，对缺乏的城市功能进行规划修补，打造近郊精品旅游项目，对公共服务设施进行补充完善，改善矿区市政基础设施，完善公共服务功能质量。修补矿区道路交通网络，保护并传承矿区历史文化，打造产业、交通、空间协同的特色矿区。

6.3.2 生态修复目标

引入“海绵城市”、景观生态学和绿色基础设施等先进生态理念，基于整体发展观修复矿区受损土地、减少矿区不透水区域、循环利用矿业废水，构建绿色雨水基础设施，提升矿区城市韧性。

以现有山体、绿廊为基础，构建具有矿区特色的景观生态网络。织补被城市建设肢解的城市肌理，构建城市完整连贯的山水骨架和空间形态。按照“连点成线、串线成片、由片成网”的思路，提升矿区环境承载力，对矿区生态要素按照“斑块—廊道—基底”要素进行修复。调查梳理城市内自然资源现状，找出生态环境问题突出的区域，保护和改善现有山体、水系和绿地，吸引野生动物安家栖息。通过生态环境修复提高周边场地价值，打造环境友好与经济发展协调的宜居型矿业乡镇，提升矿区居民幸福感。

6.4 研究区矿业废弃地再生规划依据

矿业废弃地再生规划涉及的法律法规主要有《中华人民共和国土地管理法》《中华人民共和国城乡规划法》《中华人民共和国物权法》《中华人民共和国农村土地承包法》《中华人民共和国环境保护法》《中华人民共和国环境影响评价法》《中华人民共和国土地管理法实施条例》《土地复垦条例》《土地复垦条例实施办法》《基本农田保护条例》等。

涉及的相关规划主要包括《北京城市总体规划（2016 年—2035 年）》《门头沟区土地利用总体规划（2020—2035 年）》《房山区土地利用总体规划 (2020—

2035年)》《王平镇土地利用总体规划(2020—2035年)》《大台街道办事处土地利用总体规划(2020—2035年)》《北京市矿产资源总体规划(2021—2025年)》等。

涉及的相关标准规范主要包括《土地开发整理标准》(TD/T 1011-1013—2000)、《土地复垦方案编制规程》(TD/T 1031—2011)、《土地复垦质量控制标准》(TD/T 1036—2013)、《农用地质量分等规程》(GB/T 28407—2012)、《历史遗留工矿废弃地复垦利用试点管理办法》等。

依据上述法律法规和规范标准，合理确定矿业废弃地再生规划策略。

6.5　京西矿区再生利用规划策略

6.5.1　打造“一核、两轴、三片区”空间结构

新形势下，对于矿业废弃地的存量型规划，如果仍因循传统的从土地复垦和生态修复层面解决转型升级问题显然已经力不从心，需要寻找能够统筹协调生态保护和产业发展的综合的、全面的再生利用对策。

在空间结构优化上，尊重自然生态格局和矿业特色文化，识别与实现转型升级、矿业文化振兴、人居环境改善等总体整合规划目标最切合的重点地区，重新布局废弃地转型产业。基于DSR驱动力-状态-响应模型构建矿业废弃地再生时序评价体系，优化矿区城市空间结构，带动矿区经济转型升级。为此，引进新兴功能时，以完善公共服务设施和适应自然资源禀赋为基础，依托自然山体和水体，基于可拓决策模型构建矿业废弃地土地功能置换决策评价体系，提出打造“一核、两轴、三片区”的空间结构策略(图6.5)。

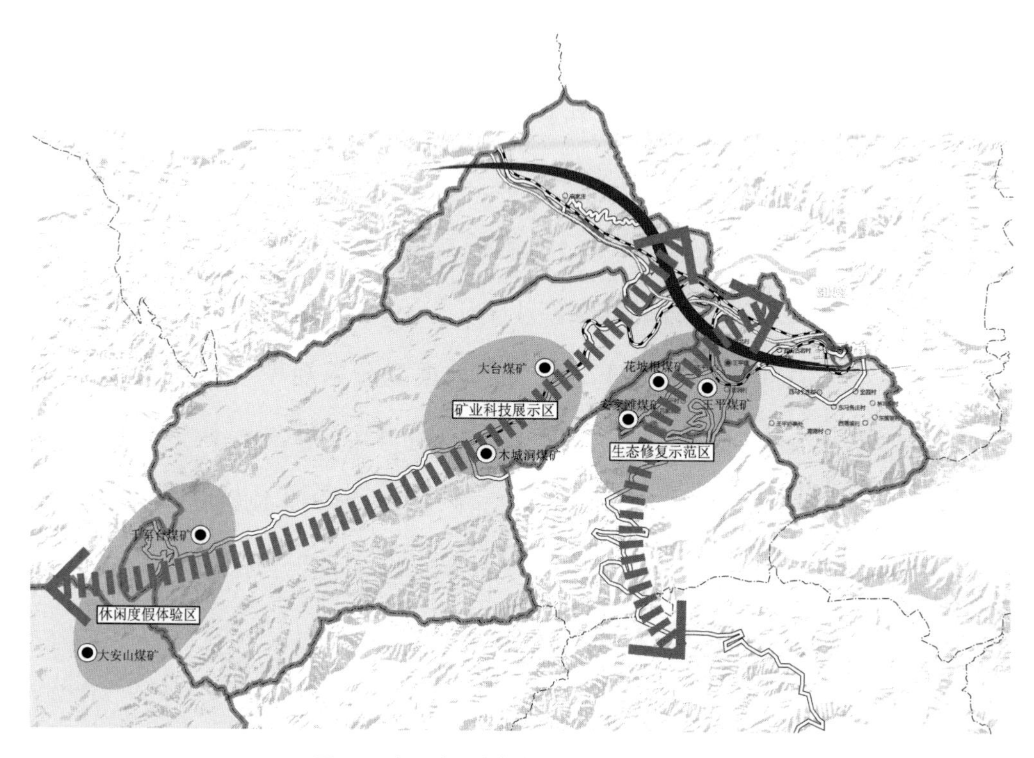

图 6.5 京西矿区矿业废弃地再生功能定位图

Fig. 6.5 Functional orientation of AML regeneration at Jingxi mine

其中，“一核”，即以永定河为核心发展中心，沿永定河串联各矿业废弃地，形成矿区活力发展纽带，同时，将王平镇矿业废弃地打造为商业综合服务中心，形成核心动力区。“两轴”，即以 X004 县道和 X017 县道分别打造生态涵养轴和生态产业发展轴，建设矿山主题公园、科研实训基地、生态修复基地和养老居住示范基地，形成新的经济增长点。“三片区”，就是以安家滩、花坡根为中心形成生态修复示范区；以大台、木城涧为中心形成矿业科技展示区，服务首都科技创新功能新定位；以千军台、大安山为中心形成休闲度假体验区。通过打造的商业、旅游、科研、居住四大功能中心，实现多元产业间的相互融合，形成多方向的发展轴和多元化的发展节点，丰富矿区产业结构和土地用地类型，促使矿业废弃地功能集聚并形成规模效应（表 6.1）。

表 6.1 京西矿区矿业废弃地再生功能分区

Tab. 6.1 Functional partition of AML regeneration at Jingxi mine

功能区类型	范围	规划功能
商业综合服务区	以王平镇为中心	打造集购物、餐饮、住宿、商贸市场、文体广场等功能为一体的复合型综合服务中心，为矿区居民和来访游客提供综合配套服务，丰富矿区居民文化娱乐设施，沟通京西矿区的深山和浅山乡镇，激发矿区发展活力，形成集聚能力，带动矿区经济发展
生态修复示范区	以安家滩、花坡根为中心	通过人工干预和自然恢复措施，对矿业废弃地进行生态恢复，构建矿区生态屏障，提升京西矿区生态系统的自我修复能力。建设生态涵养示范基地，围绕土地复垦开展种植、养护、加工一体化的绿色生态产业，协调好生态保护和经济发展的关系
矿业科技展示区	以大台、木城涧为中心	大台煤矿利用井下空间打造地下实训基地、地下生态系统实验基地、战略能源储备区等，对地下空间进行综合利用，作为京西矿区转型的科技支撑中心
		在木城涧煤矿利用地上、地下空间引入文旅休闲和科普娱乐功能，将废旧厂房改造为文化创意产业设施，保护并展示矿业文化资源和区域内工业景观，建设矿山主题公园
休闲度假体验区	以千军台、大安山为中心	千军台煤矿配合木城涧煤矿，串联各矿业废弃地，建立矿业主题博物馆，对公众进行矿业历史展示和矿业科学知识普及
		大安山煤矿定位为产业化养老居住区，对大安山进行生态修复的同时，合理开发利用生态资源，通过打造养老地产提供改善型和享受型的养老产品及服务，实现生态、经济和社会整体的协调发展

6.5.2 完善交通网络，改善公共交通设施

京西矿区村镇依矿而建，建成时间较长，加之位于城郊接合部而疏于规划管理，矿区道路往往不成体系。通达性是影响城市空间使用效率的重要指标。沿 G109 国道轴对外交通相对发达，但 X004 县道轴交通联系较弱，部分沿途废弃地（如安家滩煤矿）受泥石流、山体滑坡影响，交通网络破碎，道路中断，通达性较差，城市空间使用率较低。大安山煤矿和千军台煤矿直线距离不超过 6 km，然而由于位于两个行政区边界，地面并无连接的公路，需绕行 70 余公里才能到达，导致矿业废

弃地组团间的交通联系较弱，制约域外游客到达待开发场地。现有的道路体系规划之初并未考虑慢行交通系统，自行车、机动车和行人混杂在一起，随着近年来骑行的流行，许多骑行爱好者紧挨着行驶的机动车前行，存在严重安全隐患。因此，应加强矿业废弃地组团间的交通联系，通过对交通网络的修补带动京西矿区功能网络和生态网络的重塑（图 6.6）。采用“通、顺、补”的策略对交通网络进行修补和完善：一方面，梳理花坡根、安家滩组团的现有道路，织补因地质灾害而破碎的交通结构，提高道路品质，增加道路绿化，构建互联互通的道路网络；另一方面，对千军台到大安山的断头路实行近期打通人行道路，中远期打通高速公路的策略，完善县际、乡际等边界通道。

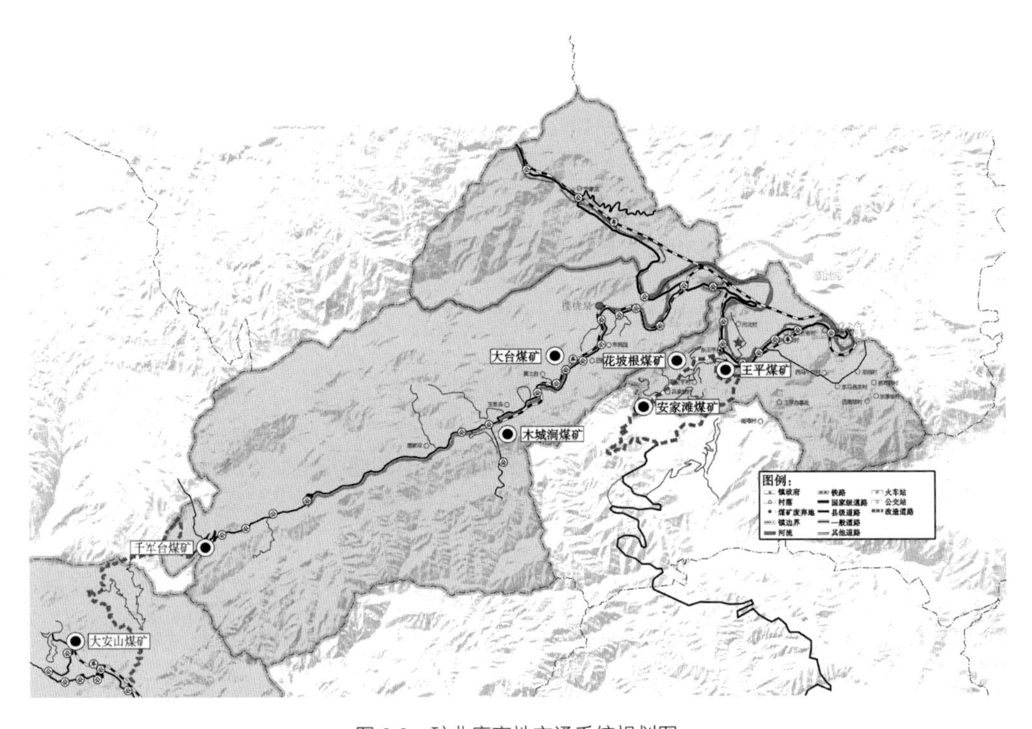

图 6.6　矿业废弃地交通系统规划图

Fig. 6.6　Traffic system plan of AML

理顺河流沿岸和景观观赏路线的道路慢行交通系统，以京西古道为基础，打造串联各矿业废弃地的慢行道路系统，落实“公交优先，鼓励慢行”的思路，强化车行道两侧的骑行和步行路径，从车步共享向步行独享过渡；创造连续畅通的矿区道路网络，加快区域综合交通网络建设。目前，大台到木城涧煤矿仅有国道 G109 相连，矿业废弃地之间联系相对松散，可利用原有运煤铁路打造慢行道路系统，完善矿区主次干道建设（图 6.7）。

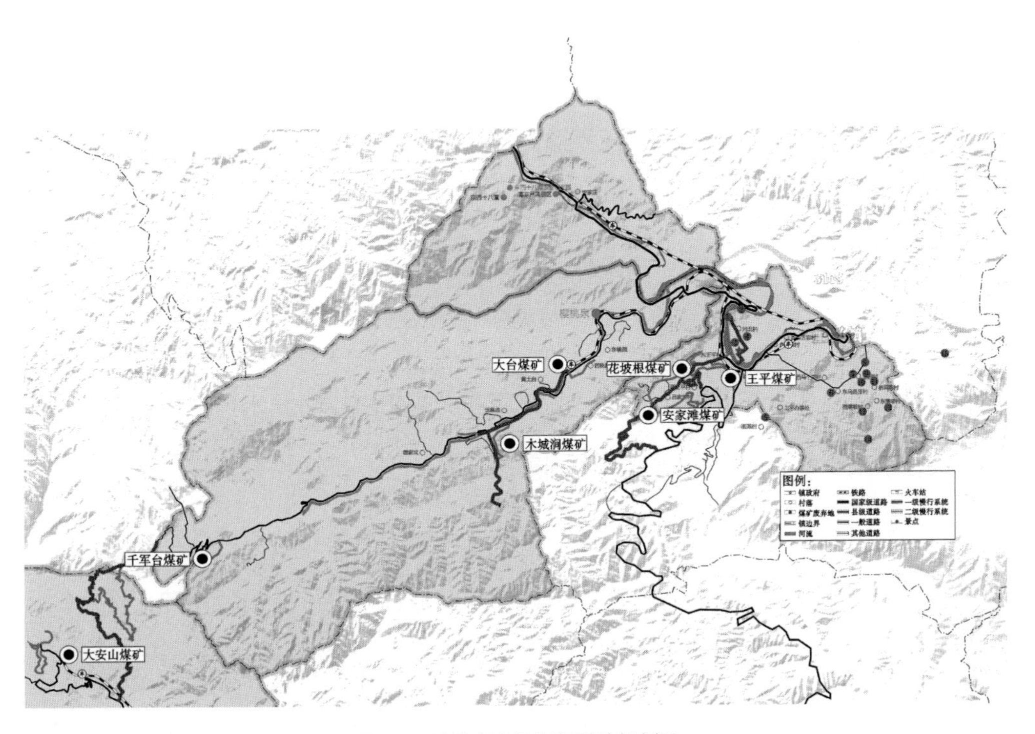

图 6.7 矿业废弃地慢行系统规划图

Fig. 6.7 Non-motorized system plan of AML

6.5.3 修复水网绿网，重塑景观生态格局

生态修复是“城市双修”的基础，与“城市修补”相辅相成。矿业废弃地再生规划应在保护好湖泊水体和山林绿地的基础上，从整体发展观以构筑生态安全格局

为目标，兼顾休闲旅游开发和科普教育功能，构建良好的生态环境秩序。

6.5.3.1　水网修复

水网是融合城镇生态、景观和文化功能的基底，是构筑城市生态安全格局的主要骨架。近年来，水网的经济和交通功能愈来愈得到凸显，水网在城市建设中承担的防洪排涝、文化承载、水体自净、旅游景观的功能得到了政府越来越多的重视。开展水体治理和修复也成为“城市双修”的要求之一。京西矿区水系发达，主要由永定河、樱桃泉、京西十八潭、王平湿地和大台湿地组成，水体来源主要包括矿井废水、生活中水和雨水。目前，京西矿区的水系尚处于初级开发阶段，水网开发尚不成体系，河流截污不彻底，雨水径流和水质污染问题突出，滨水空间生态品质不高，文化彰显不足。

针对上述问题，京西矿区的水网修复应在做好防洪排涝和水体整治工作的基础上，调整水网功能布局、控制水网空间形态、设计慢行交通系统、塑造滨河人文生态带，形成“五水合一”的水网体系，用清水和绿地串联起京西矿区皇家官窑的千年历史。具体而言，水网修补应和绿网修补相结合，挖掘矿业场所精神，延续矿区山水交映格局和矿业历史文脉，修补河道两侧的微空间和微绿地，为居民提供休闲娱乐场所，控制现有污染源，发挥水系调蓄洪水、拦截泥污、自我净化功能，形成调蓄有度、系统成网的水生态系统。

其中，永定河和王平湿地紧邻王平镇政府和王平镇煤矿，是京西矿区水系的主要组成部分，周围居住居民较多。目前王平湿地水体尚存在污染，仍需对水域、河漫滩、驳岸进行治理修复。强化王平水系与王平镇休闲绿道系统、开放空间系统的相互衔接和相互协调性，运用景观手段进行景观功能布局和雨洪设施布局，打造独特景观形象。大台湿地和樱桃泉距大台煤矿约 5 公里，水源以矿业废水为主。矿业废水中含有悬浮物、锰、铜、锌等有毒物质，合理净化后可以作为景观用水，减少其对环境的污染。将大台湿地、樱桃泉与大台科研产业基地结合，利用湿地自净化能力，通过湿地净化水塘，通过生物作用降解矿业废水中的污染物，将矿业废水“变废为宝”，进行生态治理和场地雨洪管理。同时结合场地的自然排水路径，为场地提供宜人的水体景观，调节区域气候平衡。

6.5.3.2 绿网修复

京西矿区植被覆盖率达到85%以上，自然环境整体优美、生态资源丰富。然而，目前京西矿区尚未形成完整的山水生态廊道。矸石山、塌陷地、矿业废弃工业广场形成了生态破损斑块，对矿区的生态环境产生不利影响。据统计，研究涉及的7大矿业废弃地周边均存在不同堆放年限、不同大小的矸石山。虽然部分矸石山已进行生态修复，但大部分仍裸露在外，矸石中的重金属元素在雨水冲刷下渗入周围土地，造成土壤污染，成为“伤痕累累”的黑色地带。

因此，绿网修复需考虑京西矿区与外围山体水体的联系，加大废弃地修复和复垦力度，修复城市空间环境和景观风貌。结合生态休闲娱乐和科普教育建立山水生态廊道，连通京西矿区绿色生态空间，培养特色旅游、休闲农业等绿色生态产业，提升城市活力，具体如下：

①设计尊重动物栖息习惯，适合京西矿区本土动植物生存的生态修复方案，保护并修复野生动物栖息地和迁徙走廊，吸引鸟类和走兽类重返矿区。

②对矿业挖损废弃地进行生态修复，从土壤改良、植被恢复、水土保持、复垦模式等角度探讨矿业废弃地的土地复垦与水土保持策略，引进种植吸收重金属的植被，规定矿业废弃地800 m范围内严禁种植农作物。

③结合矿区生态资源，将清凉界风景区、瓜草地冰瀑、京西十八潭和农业观光园、民俗旅游区资源整合，通过资源优势互补、重组优化和提升档次来协调生态环境屏障和增强旅游竞争力的关系。

④对废弃地进行生态修复的同时重视与景观环境营造、城市生态重建相结合，兼顾使用雨洪管理策略，将矿业废弃地纳入城市“海绵”绿地体系。低影响开发措施主要通过“渗、蓄、净、用、排”等关键技术，以及减少不透水区域、种植屋顶、透水铺装、雨水花园、人工湿地、植草沟和渗透带等策略来实现城市内涝缓解和场地雨洪管理。结合矿业废弃地的自身特殊性，矿业废弃地的可持续雨洪管理策略应与减少场地不透水区域、矸石山生态修复和土壤修复相结合，利用地形地势进行场地雨洪管理和生态环境修复。

6.5.4 传承矿业文化，修复矿区生活方式

大野隆造等在《人的城市——安全与舒适的环境设计》中写道：“我们把一个人与其成长环境间形成的心理上的牵绊称为场所依恋（place attachment）。典型的例子便是人们对养育自己的故乡所怀有的乡愁。”强化矿业文化特色、增强矿区文化识别性，传承与发展矿业乡土文化，让矿区再次成为当地居民发家致富的重要支撑点。矿业废弃地著名改造案例德国鲁尔区北杜伊斯堡景观公园便是运用旧的厂房和设施，传承矿业文化，重新赋予其新的功能，激发老旧矿区的活力。因此，京西矿区矿业废弃地再生规划设计应着重通过复兴矿业文化使城市变得宜居、地域化，并实现“山水人文和谐矿区”。

主要从以下三方面修复京西矿区矿业废弃地生活方式：

①结合历史资料，恢复性地重建文化构筑物，唤醒市民记忆。对矿业废弃地上与矿产查勘、开采、选冶相关的工业遗存进行摸底调查，既包括矿场、废旧厂房、工具和建筑群等物质文化遗产，也包括文字记载、非物质工艺艺术等非物质文化遗产。在保证原真性前提下，对矿业物质文化遗产和非物质文化遗产进行改造再利用，在此基础上添置新的功能和相关元素。值得指出的是，矿业废弃地废旧工业厂房的

改造应尽量与绿色建筑理念结合，满足绿色建筑发展需要，并在改造前进行改造设计评价（表 6.2）。

表 6.2 矿业废弃地绿色化改造设计评价体系

Tab. 6.2 Green transformation design evaluation system of AML

目标层	评价项目层	因子层	因子解释
既有工业建筑绿色化改造设计评价	可实施性	结构可实施性	结构安全性
			结构耐久性
		与原有建筑功能契合性	空间尺度契合
			空间形态契合
		场地的改造适应性	场地内无排放超标污染源
			无危险化学品、易燃易爆危险源 无辐射、含氡土壤威胁
			向社会提供开放的空间
			向市民提供可共同使用的基础设施
		历史、文化价值	历史文化价值的传承
			企业文化精神的延续
		经济价值	改建费用合理性
			改建后产生的经济效益
			预计建筑后期运营中节约的支出
	环境性能指标	节材与材料利用情况	原有场地利用率
			原有建筑材料利用率
		节水与水资源利用情况	节水器具与设备的应用
			非传统水源的应用
		节能与能源利用情况	外围护结构保温隔热性
			玻璃幕墙、外窗的合理开启
		室内环境改善效果	室内自然通风改善情况
			室内热环境效果改善情况
			室内声环境效果改善情况

②利用“故事”组织空间、策划活动。将矿业遗产与周边工业遗产和其他旅游景区相结合，采取联合开发模式，以获取更高的资源集聚度和互补优势。沿京西古道和打造的慢行系统串联各个矿业废弃地，将沿途的北魏长城遗迹、武定刻石、马致远故居、十里八桥古道、庄户幡会等人文旅游资源串联打通。

③矿业废弃地功能修补以解决周边居民生活需要为基础，打造既能带动矿区产业经济发展，又能满足居民需求的复合功能区域，形成多方向的发展轴和多元化的发展节点。例如，王平镇功能定位是商业综合服务区，通过打造集购物、餐饮、住宿、商贸市场、文体广场等功能为一体的复合型综合服务中心，为矿区居民和来访游客提供综合配套服务，丰富矿区居民文化娱乐设施，激发矿区经济发展潜力。而安家滩、花坡根的功能定位是生态修复示范区，通过建设生态涵养示范基地，围绕土地复垦开展种植、养护、加工一体化的绿色生态产业，协调好生态保护和经济发展的关系。

6.6 典型个案——王平镇矿业废弃地规划设计方案

王平镇是联系门头沟浅山区和深山区的重点节点，镇域内有王平武定石刻、京西古道、琉璃文化村等众多历史文化遗产，也是妙峰山、百花山、灵山景区等优良旅游资源的重要穿结点。王平镇矿业废弃地建筑总体保留情况较完整，加之交通区位便捷、周围居民较集中，王平镇矿业废弃地再生利用对整个京西矿区矿业废弃地再生具有重要的发展示范作用。依据矿业废弃地土地功能置换的评价结果，王平镇适合转换为商业服务功能，但场地具体功能布局仍需进一步规划完善。本节以王平镇为例，基于京西矿区矿业废弃地再生规划方案，从场地微观层面进行具体的再生利用设计，从功能更新、地貌重塑、交通体系重塑、绿地系统构建、矿业工业遗产保护再利用等方面，进行详细分析。

6.6.1 现状分析

王平镇矿业废弃地位于王平镇政府附近，永定河直接从基地北部经过。废弃地离市中心距离不足50千米，废弃地周边有包括东王平、西王平等10余个村庄。同时，G109国道、X004县道分别位于基地的北侧和东侧，京西铁路也从基地北部经过。另外，王平煤矿在地理位置上也是衔接京西矿区的重要一环，京西古道以及相应的景点也在王平煤矿废弃地附近分布。总之，王平煤矿废弃地周边交通便利、人口众多、景观丰富，拥有着良好的先天条件。

虽然王平镇矿业废弃地周边的大环境十分优秀，但也有着许多不尽如人意的地方。例如：交通便利但部分路段年久失修，道路通行质量下降；人口众多但相应配套设施并没有跟上，原有公共设施已经无法满足当地需求；景观丰富但没构成系统，无法创造更大的收益。在不对当地进行大规模改造的情况下，利用王平镇矿业废弃地现有的土地资源来进行改造建设，对实现当地的功能修补以及生态修复具有重要现实意义。

6.6.2 功能修补需求

根据相应数据分析以及实地调研结果，王平镇矿业废弃地周边人口密集，交通情况复杂，拥有包括学校、医院等基础设施，但基础商业服务设施缺乏，道路损坏严重，绿化不到位，步行空间、公共活动空间不足，在王平镇矿业废弃地规划建设中应当满足周边居民的基本生活需求，提高周边居民生活质量。

同时，王平镇矿业废弃地是京西矿区矿业废弃地再生中改造建设的一个重要片区。根据上位规划政策以及对未来的市场评估，王平镇矿业废弃地有良好的发展前景。作为京西煤矿群一个需要组织的部分，可以将王平煤矿的改造定位为综合服务区，串联京西矿区各个矿业废弃地，打造集购物、餐饮、商贸市场、文体广场等功能为一体的复合型综合服务中心，成为构建京西矿区新的生态产业格局的核心之一。在改造中需要注重交通串联、矿区与周边景点的互动，为矿区居民和来访游客提供综合配套服务、宾馆住宿以及餐饮等相应功能，丰富矿区文化娱乐设施，激发矿区发展活力，形成集聚能力。

另外，王平镇矿业废弃地位于北京市生态浅层区向生态深层区过渡的路径上，是完善门头沟区整体的城区功能格局，实现市区整体功能平缓过渡的重要环节。通过对王平镇矿业废弃地的改造，不仅可以将京西矿区组成一个复合完整的系统，也对北京周边整体产业的新升级具有现实意义以及示范作用。

6.6.3 生态修复需求

生态修复是“城市双修”体系中与功能修补并行的一个部分，在进行王平镇矿业废弃地改造的同时，也需要对矿业废弃地及周边系统的生态环境进行修复完善。具体要求包括修复矿业废弃地污染土壤、保护土壤环境、利用现有建筑景观建设遗址公园、保护环境同时降低成本、提供生态修复小型观察场所等，以为其他地方的生态修复提供有效经验。同时，将王平镇矿业废弃地与周边生态环境系统相结合，形成连续的生态斑块空间，构建完整的自然生态体系。

6.6.4 场地规划设计

根据上述分析，对王平镇矿业废弃地从功能分区设计、交通系统设计、景观节点设计和绿地系统布局四方面入手，进行规划设计。在此基础上，对建筑单体和景观节点进行详细规划布局，具体如下。

（1）功能分区设计

划定功能分区，确定建筑再生利用功能，构成复合功能服务体系。其中，基地从北往南分别是交通综合区、旅客住宿区、餐饮服务区、展览体验区、生态办公区、遗址游览区以及综合接待区，构成复合的功能服务体系（图 6.8）。

图 6.8 王平镇矿业废弃地再生利用功能分区图

Fig. 6.8 Functional plan of AML regeneration at Wangping town

（2）交通系统设计

交通系统设计上，基地以一条从轨道交通站延续出来的车行路、两条主要的步行路构建基础的交通组织体系，再加上若干密布的支路。车行流线以吸引周边居民和观光游客为主要目的，步行流线以串联场地各功能分区为主要目的。分层级的路网设计使得交通系统与各重要建筑景点密切联系，交通流线系统化和整体化（图6.9）。

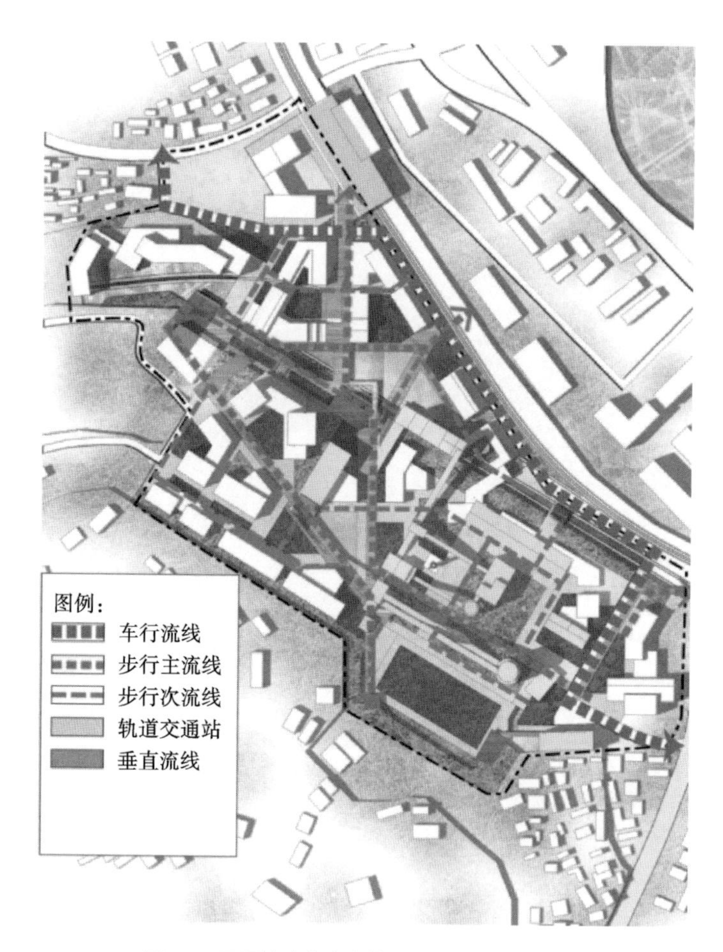

图 6.9 王平镇矿业废弃地再生利用交通系统图

Fig. 6.9 Traffic plan of AML regeneration at Wangping town

（3）景观节点设计

景观节点设计上，以基地内部的两个开放广场作为空间的中心节点，做主要公共活动、演艺、观光区域。空间中心通过步行系统进行层层放射。同时，加上次级中心空间节点，形成具有层次的构造格局（图 6.10）。

图 6.10 王平镇矿业废弃地再生利用景观节点图

Fig. 6.10 Landscape node map of AML regeneration at Wangping town

（4）绿地系统布局

基地的绿地系统则多依傍于开放空间存在。值得指出的是，在基地的南侧专门为矿业废弃地的生态修复研究预留了小面积的实验用地，打造了水网绿网结合的多层次、多空间，同时具有导向性的绿地系统（图 6.11）。

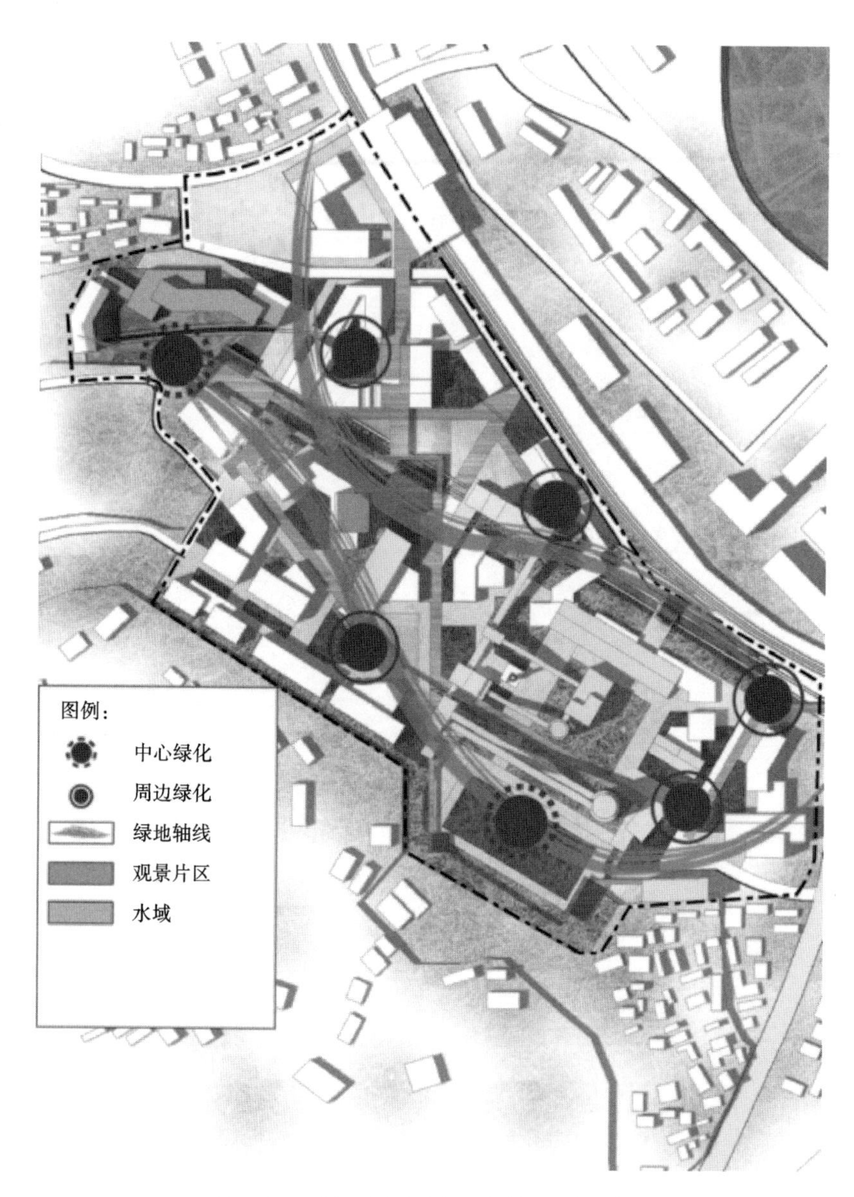

图 6.11 王平镇矿业废弃地再生利用绿地系统图

Fig. 6.11 Green space system plan of AML regeneration at Wangping town

（5）总平面规划设计

基于上述场地分析，根据场地和周边环境现状，划定建设区域，对王平镇矿业废弃地进行详细规划方案设计，具体内容如下（图 6.12、图 6.13）。

① 依据当地交通现状，确定基地的两个出入口，分别位于北侧连接轨道交通

中心、东侧连接 G109 国道，形成基地基础交通布局。

② 分析内部建筑保存现状，以及建筑本身的潜在价值，确定拆除建筑以及保留建筑，划定新建建筑区域。建筑具体功能如表 6.3 所示。

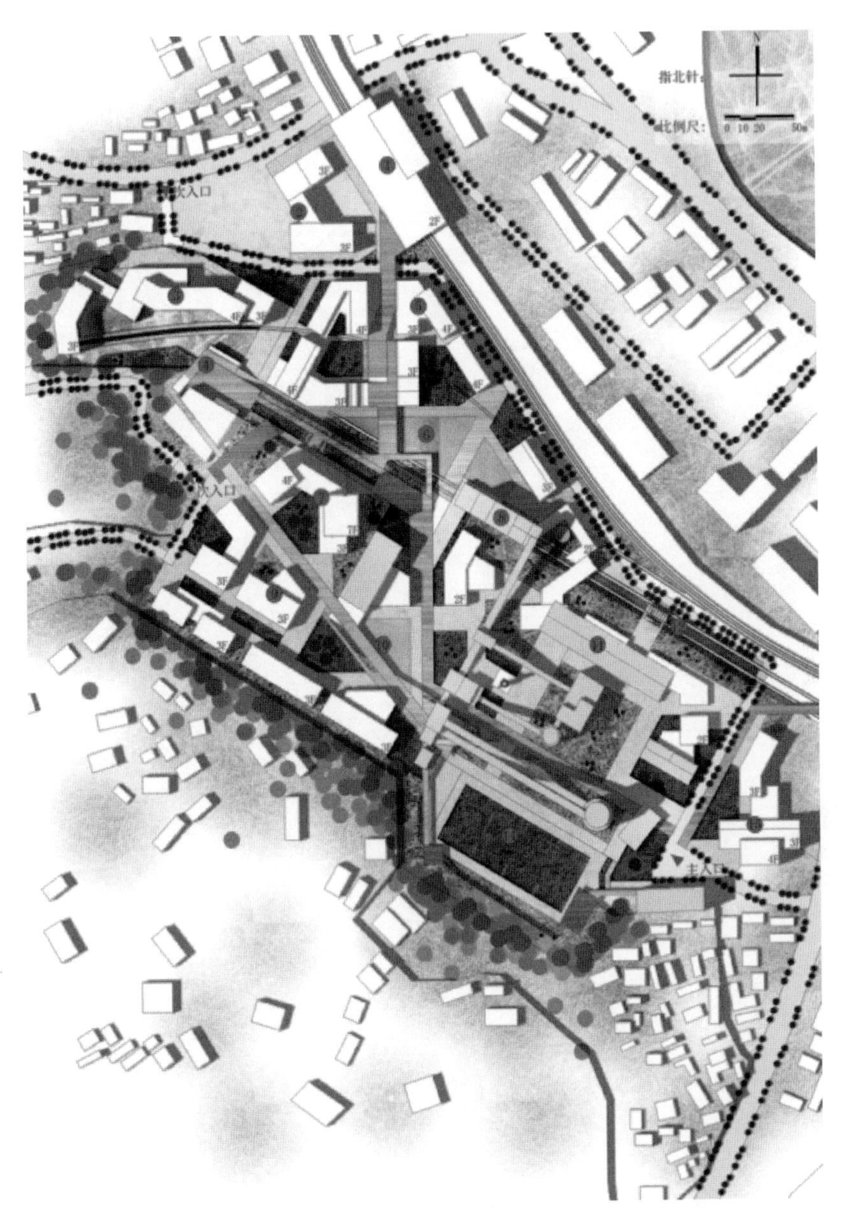

图 6.12 王平镇矿业废弃地再生利用总平面图

Fig. 6.12 Master plan of AML regeneration at Wangping town

图 6.13 王平镇矿业废弃地再生利用鸟瞰图

Fig. 6.13 Aerial view of AML regeneration at Wangping town

表 6.3 王平镇矿业废弃地具体功能规划

Tab. 6.3 Functional plan of Wangping AML

序号	建筑功能	序号	建筑功能	序号	建筑功能
1	轨道交通中心	2	综合商业楼	3	高级度假酒店
4	挑出观景平台	5	综合餐饮大楼	6	中心广场
7	王平综合接待中心	8	遗址中心大楼	9	生态办公中心
10	遗址广场	11	遗址生产车间	12	慢行铁路公园
13	原开采大楼	14	小型研究绿地	15	景点接待中心

③ 在建筑形式上，以简练规整但富有活力的方式进行设计，同时保证大部分建筑高度控制在四层以下，符合当地的城市建筑风貌。通过对场地的功能设计以及建筑改造，以期王平镇矿业废弃地在未来京西矿区的转型发展中承担重要的职责功能。

④ 改造开放空间，提供充足的活动场地，建立内外联系的慢行系统，形成完整的开放空间。

参考文献

[1] 吴鹏. 论生态修复的基本内涵及其制度完善 [J]. 东北大学学报 (社会科学版), 2016, 18(6): 628-632.

[2] 吴良镛. 北京旧城与菊儿胡同 [M]. 北京：中国建筑工业出版社, 1994.

[3] 李晓丹, 孙思嘉, 赵大千, 等. 矿业遗产保护研究探讨：以峰峰矿区为例 [J]. 中国园林, 2013,29 (9): 101-105.

[4] 寇晓蓉. 矿区复垦土地功能提升的方法与途径研究——以平朔矿区为例 [D]. 北京：中国地质大学 (北京), 2017.

[5] 杨贵庆. 城市空间多样性的社会价值及其“修补”方法 [J]. 城乡规划, 2017 (3): 37-45.

[6] 周配, 孙燕红. “城市双修”之山地城市模式研究——以湘西州古丈县为例 [J]. 中外建筑, 2017 (10): 122-125.

[7] 王国爱, 李同升. “新城市主义”与“精明增长”理论进展与评述 [J]. 规划师, 2009, 25(4): 67-71.

[8] Duany A, Speck J, Lydon M, et al. The smart growth manual[J]. Sustainability：Science，Practice & Policy，2011,7（2）：89-90.

[9] 毕宝德. 土地经济学 [M].6 版. 北京：中国人民大学出版社, 2011.

[10] 温靓靓, 白中科, 周伟. 矿区土地节约集约利用问题分析 [J]. 资源与产业, 2011, 13(6): 34-38.

[11] Koolhaas R, Mau B, Sigler J, et al. Small, Medium, Large, Extra-Large[M]. New York：010 publishers, Monacelli Press, 1995.

[12] 杨沛儒 . 生态城市主义：尺度、流动与设计 [M]. 北京：中国建筑工业出版社，2010.

[13] 邬建国 . 景观生态学——格局、过程、尺度与等级 [M]. 2 版 . 北京：高等教育出版社，2007.

[14] Richard T T Forman，Michel G. Landscape Ecology[M].Hoboken：John Wiley & Sons，Inc., 1986.

[15] Wu J, Hobbs R. Landscape ecology: The state-of-the-science[J]. Cambridge University Press, 2007（15）: 271-287.

[16] 冯姗姗，常江 . 矿业废弃地：完善绿色基础设施的契机 [J]. 中国园林，2017, 33(5): 24-28.

[17] （美）柯林・罗，弗瑞德・科特 . 拼贴城市 [M]. 童明，译 . 北京：中国建筑工业出版社，2003.

[18] Attoe W, Logan D. American Urban Architecture : Catalysts in the Design of Cities[M].Oakland: University of California Press，1989.

[19] 陈晓悦 . 北池子历史街区小规模渐进式微循环改造模式研究 [D]. 北京：北京工业大学，2007.

[20] 郝赤彪，肖亮 . 城市文脉延续背景下工业遗产的保护更新初探——以青岛国棉六厂改造为例 [J]. 青岛理工大学学报，2017, 38(3): 28-32，43.

[21] 郭辛欣 . 城市更新中的遗产保护 [J]. 北华航天工业学院学报，2012, 22(5): 3-5，9.

[22] Dietz M E. Low impact development practices: A review of current research and recommendations for future directions[J]. Water，Air & Soil Pollution, 2007, 186(1-4): 351-363.

[23] Mortensen L F. The driving force-state-response framework used by

CSD[J]. 1997.

[24] 庞雅颂，王琳．区域生态安全评价方法综述 [J]. 中国人口・资源与环境，2014 (S1): 340-344.

[25] 赵羿，胡远满，曹宇，等．土地与景观——理论基础・评价・规划 [M]. 北京：科学出版社，2005.

[26] 蔡文．可拓论及其应用 [J]. 科学通报，1999, 44(7): 673-682.

[27] 冯姗姗，常江，侯伟．GI 引导下的采煤塌陷地生态恢复优先级评价 [J]. 生态学报，2016, 36(9): 2724-2731.

[28] 徐丹丹．基于建设实践视角的开发时序规划问题与对策——以江苏省苏通科技产业园为例 [J]. 江苏城市规划，2015, (4)： 21-24.

[29] Chrysochoou M, Brown K, Dahal G, et al. A GIS and indexing scheme to screen brownfields for area-wide redevelopment planning[J]. Landscape & Urban Planning, 2012, 105(3): 187-198.

[30] 刘春凤，宋涛，牛亚菲，等．旅游区经济影响域界定研究——以八达岭长城旅游区为例 [J]. 旅游学刊，2013, 28(7): 33-40.

[31] 钱铭杰，吴静，袁春，等．矿区废弃地复垦为农用地潜力评价方法的比较 [J]. 农业工程学报，2014, 30(6): 195-204.

[32] Hakanson L. An ecological risk index for aquatic pollution control.a sedimentological approach[J]. Water Research, 1980, 14(8): 975-1001.

[33] 姜菲菲，孙丹峰，李红，等．北京市农业土壤重金属污染环境风险等级评价 [J]. 农业工程学报，2011, 27(8): 330-337.

[34] 贾振邦，梁涛，林健枝，等．香港河流重金属污染及潜在生态危害研究 [J]. 北京大学学报（自然科学版），1997, 33(4): 485-492.

[35] 王文刚．区域间土地利用功能置换的理论与实践研究 [D]. 长春：东北师范大学，

2012.

[36] 金洪波，张世文，黄元仿．可拓理论在矿区土地破坏程度评价中的应用 [J]. 岩土力学，2010, 31(9): 2704-2710.

[37] 刘文锴，陈秋计，刘昌华，等．基于可拓模型的矿区复垦土地的适宜性评价 [J]. 中国矿业，2006, 15(3): 34-37.

[38] 骆正清，杨善林．层次分析法中几种标度的比较 [J]. 系统工程理论与实践，2004, 24(9): 51-60.

[39] 王桂林，张望成，宋可实，等．基于可拓学的采煤塌陷区土地复垦适宜性评价 [J]. 地下空间与工程学报，2015, 11(1): 222-228.